Sunday Edeko

A Teoria Agro-cêntrica e a Extração Electro-Mecânica de Nutrientes

Sunday Edeko

A Teoria Agro-cêntrica e a Extração Electro-Mecânica de Nutrientes

Ficção científica ou facto?

ScienciaScripts

Imprint
Any brand names and product names mentioned in this book are subject to trademark, brand or patent protection and are trademarks or registered trademarks of their respective holders. The use of brand names, product names, common names, trade names, product descriptions etc. even without a particular marking in this work is in no way to be construed to mean that such names may be regarded as unrestricted in respect of trademark and brand protection legislation and could thus be used by anyone.

Cover image: www.ingimage.com

This book is a translation from the original published under ISBN 978-620-2-31610-1.

Publisher:
Sciencia Scripts
is a trademark of
Dodo Books Indian Ocean Ltd. and OmniScriptum S.R.L publishing group

120 High Road, East Finchley, London, N2 9ED, United Kingdom
Str. Armeneasca 28/1, office 1, Chisinau MD-2012, Republic of Moldova, Europe
Printed at: see last page
ISBN: 978-620-7-87296-1

Prof. Sunday E. Edeko, Ph.D.
Faculdade de Direito, Universidade Ambrose Alli
Ekpoma Estado de Edo Nigéria
E-mail:sundayedeko@gmail.com,sunyedeko@hotmail.com

DEDICADOR
Esta obra é dedicada a todos os que estão envolvidos na mudança e na inovação.

PREFÁCIO

A teoria planetária do direito defende que o direito ocupa uma posição central em relação a todas as disciplinas e que todas as outras disciplinas giram em torno do direito, com benefícios mútuos para o direito e para as outras disciplinas. Esta teoria coloca o direito na posição do sol no sistema solar, enquanto as outras disciplinas ocupam a posição dos planetas que orbitam o sol. No entanto, esta nobre teoria do predomínio do direito foi posta em causa pela teoria agro-cêntrica. Verificou-se que a posição invejável do centrismo, incluindo o impacto e o benefício predominantes, não é exclusiva do direito na sua relação com outras disciplinas. A disciplina de estudos agrários também mostrou um caso profundo de uma disciplina que também ocupa uma posição central e única na comunidade de disciplinas. Em torno da agricultura gravitam disciplinas que vão da contabilidade agrícola à gestão zoológica. Várias disciplinas surgiram há muito tempo para estimular a agricultura e os estudos agrários, de tal modo que não se pode dizer que a teoria planetária seja única no regime do direito entre as disciplinas.

O objetivo desta investigação é explorar a posição única e central da agricultura, daí a teoria agro-cêntrica. A agricultura tem sido sempre uma questão dominante na medicina e na nutrição, e continuará a sê-lo. De acordo com a teoria agro-cêntrica, a agricultura e as questões com ela relacionadas são o centro de gravidade de todos os fenómenos, actuando como uma força centrífuga da qual as outras disciplinas derivam a sua validade. O objetivo desta investigação é explorar a posição única da agricultura, daí a teoria agro-cêntrica. No entanto, a produção natural de nutrientes nunca foi suficiente, daí a inovação contínua neste domínio tão importante. A extração eletromecânica de nutrientes é uma nova era na agricultura que procura redefinir a arte da medicina e da nutrição. Trata-se de um processo artificial em que um dispositivo eletromecânico é capaz de extrair nutrientes do solo utilizando a fotossíntese para imitar as plantas naturais. Esta investigação centra-se principalmente na possibilidade de extrair artificialmente suplementos nutricionais e medicinais do solo. Alguns nutrientes essenciais não são totalmente absorvidos pelas plantas através do processo normal de fotossíntese e, se forem absorvidos, não são totalmente retidos pelas plantas para colheita e consumo humano. Foi por isso que surgiu a ideia da extração artificial de nutrientes. Um dispositivo artificial pode extrair e conservar os nutrientes disponíveis para uso humano. Uma máquina equipada com uma simulação de fotossíntese é capaz de absorver nutrientes nutricionais e medicinais do solo para benefício da humanidade.

O Sr. William Mote e a Sra. Eunice Agbator são os co-autores dos capítulos 4 e 5 deste livro e é-lhes dado o devido crédito.

Prof. Sunday E. Edeko, Ph.D.
Faculdade de Direito, Universidade Ambrose Alli
Ekpoma Estado de Edo Nigéria
E-mail:sundayedeko@gmail.com,sunyedeko@hotmail.com

Conteúdo

Capítulo 1 6

Capítulo 2 11

Capítulo 3 15

Capítulo 4 19

Capítulo 5 38

Capítulo 6 50

Capítulo 7 66

Capítulo 8 105

1. INTRODUÇÃO

A imaginação é mais importante do que o conhecimento.
- Albert Einstein
Se a ideia não for absurda à partida, então não há esperança para ela. ***Albert Einstein***

Como muitas disciplinas, a agronomia ocupa uma posição central no esquema das disciplinas, e a sua posição é semelhante à ocupada pelo sol no sistema solar, com vários planetas a girar à sua volta. É a chamada teoria agro-cêntrica. O agrocentrismo tornou-se a imagem de marca da humanidade porque não há, definitivamente, alternativa aos seus mecanismos. A teoria agro-cêntrica tornou-se uma ferramenta perfeita na construção da segurança alimentar global e da agricultura sustentável. Esta investigação demonstrou que a posição centrada da teoria agrícola é estratégica para o reforço da segurança alimentar. Por conseguinte, em termos de desenvolvimento curricular, a teoria agro-cêntrica precisa de ser mais exposta. O direito agrícola trata das infra-estruturas agrícolas, das sementes, da água, dos fertilizantes, dos pesticidas, das finanças agrícolas, do trabalho agrícola, da comercialização agrícola, dos seguros agrícolas, dos direitos agrícolas, do sistema de posse da terra e do arrendamento, bem como da transformação agrícola e da indústria rural. Com a aplicação de tecnologias modernas, as questões relacionadas com o crédito, a propriedade intelectual, o comércio e a comercialização de produtos agrícolas são tratadas ao abrigo desta lei. O direito agrícola regula as questões jurídicas que afectam a agricultura e a pecuária. As questões típicas do direito agrícola incluem a utilização de pesticidas, a utilização de terrenos e o zonamento, questões ambientais e patentes de sementes geneticamente modificadas. Uma vez que o direito agrícola incide sobre todo um sector, pode afetar tanto as pequenas explorações familiares como as grandes explorações comerciais.

A agricultura é praticada para produzir alimentos e outras necessidades humanas, tais como vestuário, abrigo, medicamentos, armas, ferramentas, ornamentos e muito mais. É também praticada como uma atividade económica. O objetivo final é importante para esclarecer o que é a agricultura. A agricultura envolve frequentemente o cultivo do solo para produzir plantas e a criação de animais para as necessidades humanas. A prática da agricultura baseia-se num conjunto de conhecimentos sistematizados e requer competências. A agricultura é um negócio, uma atividade ou uma prática.

A agricultura inclui o cultivo e a mobilização do solo, a produção de leite, a produção, o cultivo, o crescimento e a colheita de qualquer produto agrícola, aquícola, florícola ou hortícola, o cultivo e a colheita de produtos florestais em terrenos florestais, a criação de gado, incluindo cavalos, a criação de cavalos como empresa comercial, a detenção e criação de aves de capoeira, suínos, bovinos e outros animais domésticos utilizados para fins alimentares, abelhas, animais para produção de peles com pelo, bem como qualquer operação silvícola ou de exploração florestal efectuada por um agricultor, definido como uma pessoa que se dedica à agricultura ou à exploração florestal na aceção do presente regulamento, ou numa exploração agrícola, a título acessório ou em conjunção com essas operações agrícolas, incluindo a preparação para o mercado, a entrega ao armazém ou ao mercado ou a transportadores para transporte para o mercado. A agricultura é a ciência de cultivar o solo, colher e criar gado, bem como a ciência ou arte de produzir plantas e animais úteis ao homem e, em graus variados, preparar esses produtos para uso humano e eliminá-los.[1] A agricultura também foi definida como a criação sistemática de plantas e animais úteis sob a direção do homem.[2] A agricultura é o cultivo de plantas e animais para as necessidades humanas. [3] A agricultura é o esforço deliberado para modificar uma parte da superfície da Terra através do cultivo de plantas e da criação de gado para subsistência ou para ganhos económicos.[4] A agricultura inclui a exploração agrícola em todos os seus ramos e, nomeadamente, o cultivo e a lavoura do solo, a exploração leiteira, a produção, o cultivo, o crescimento e a colheita de quaisquer produtos agrícolas e hortícolas, a criação de gado ou de aves de capoeira e todas as práticas realizadas por um agricultor numa exploração agrícola como acessório ou em conjunção com essas operações agrícolas, mas não inclui o fabrico ou a transformação de açúcar, cocos, abacá, tabaco, ananás ou outros produtos agrícolas.[5] Por agricultura entende-se o cultivo do solo, a plantação de culturas, a cultura de árvores de fruto, incluindo a colheita desses produtos agrícolas, e outras actividades e práticas agrícolas realizadas por um agricultor em ligação com essas operações agrícolas efectuadas por pessoas singulares ou colectivas.[6] A agricultura inclui a agricultura em todos os seus ramos e, nomeadamente, o cultivo e a mobilização do solo, a produção de leite, a produção, o cultivo, o crescimento e a colheita de qualquer produto agrícola ou hortícola, a criação de gado ou de aves de capoeira, bem como todas as práticas exercidas por um agricultor numa exploração agrícola a título acessório ou em ligação com certas operações agrícolas, mas não inclui o fabrico ou a transformação

[1] *Miller v. Dixon,* 176 Neb. 659, 127 N.W.2d 203, 206, Black, HC. *Black's Law Dictionary: Definitions of Terms and Phrases in American and English Jurisprudence, Ancient and Modern.* 6ª ed. St. Paul, Minn. West Publishing Co. 1990. p. 68)

[2] Rimando, T.J. *Crop Science 1: Fundamentals of Crop Science.* U.P. Los Banos 2004 p. 1

[3] Abellanosa, A.L. e H.M. Pava. *Introduction to Crop Science* Central Mindanao University, Musuan, Bukidnon: Publications Office. 1987. p. 238

[4] Rubenstein, J.M. *The Cultural Landscape: An Introduction to Human Geography.* 7ª ed. Upper Saddle River, NJ: Pearson Education, Inc. 2003 p. 496

[5] (Artigo 97.º, alínea d), Capítulo I, Título II, Código do Trabalho das Filipinas)

[6] Sec. 3b, Capítulo I, Comprehensive Agrarian Reform Law of 1988 (R.A. No. 6657 as amended by R. A. 7881), Filipinas

de açúcar, coco, abacá, tabaco, ananás ou outros produtos agrícolas.[7] Inclui igualmente actividades de produção que impliquem a utilização de salinas.[8] A agricultura não é praticada de forma isolada, pois faz uso extensivo de maquinaria. A agricultura contribui para a nutrição humana. A nutrição humana é o estudo da forma como os alimentos afectam a saúde e a sobrevivência do corpo humano. Os seres humanos precisam de alimentos para crescer, reproduzir-se e manter-se saudáveis. Sem alimentos, o nosso corpo não seria capaz de se manter quente, construir ou reparar tecidos, ou manter o batimento cardíaco. Uma alimentação correcta pode ajudar-nos a evitar certas doenças ou a recuperar mais rapidamente de uma doença. Estas e outras funções importantes são alimentadas por substâncias químicas contidas nos nossos alimentos, chamadas nutrientes. Os nutrientes são classificados como hidratos de carbono, proteínas, gorduras, vitaminas, minerais e água.[9]

A biotecnologia agrícola, enquanto ciência prática, nasceu no início da década de 1980. A descoberta, em 1977, de que uma bactéria natural, a *Agrobacterium tumefaciens,* podia injetar genes estranhos nas plantas foi um grande avanço. Os investigadores já estavam a aprender a isolar genes úteis das plantas, como os que conferem resistência a doenças, parasitas ou à seca. Estavam mesmo a aprender a montar genes a partir do zero, utilizando os componentes químicos do *ácido desoxirribonucleico* (ADN, a molécula que transporta os genes). A biotecnologia agrícola recebeu um grande impulso no final de 1996, quando os investigadores da Monsanto começaram a comercializar um novo tipo de soja. Esta soja foi concebida para conter um gene bacteriano que permite às plantas de soja resistir às toxinas contidas no popular herbicida da Monsanto, o Roundup. Até agora, muitos agricultores tinham de arar à mão para remover as ervas daninhas dos seus campos de soja - uma tarefa fastidiosa, dispendiosa e morosa.[10] A revolução da biotecnologia agrícola não se limita às culturas alimentares. Os investigadores utilizaram técnicas de transferência de genes para produzir plantas capazes de descontaminar poluentes ambientais, como os venenos presentes no solo em redor de antigas instalações de munições. Por exemplo, as plantas de tabaco receberam genes de bactérias que lhes permitem decompor o TNT, um explosivo, em subprodutos não tóxicos. Os investigadores criaram mesmo plantas capazes de produzir anticorpos humanos ou plásticos poliméricos nas suas células, avanços que poderão um dia revolucionar a medicina e a indústria.[11]

Há muito que as máquinas são parte integrante da agricultura. Estão

---

[7] *Rileco, Inc. v. Mindanao Congress of Labor-Ramie United Workers' Assn,* 26 SCRA 224 [1968].

[8] *Lapina v. CAR,* 21 SCRA 194

[9] Bonnie Worthington-Roberts, Microsoft ® Encarta ® 2009. 1993-2008 Microsoft Corporation

[10] Ticiatti, Laura, e Robin Ticiatti *Alimentos geneticamente modificados: são seguros? Você decide.* Keats, 1998

[11] Rick Weiss "O debate sobre os alimentos geneticamente modificados" Microsoft ® Encarta ® 2009

envolvidas na preparação da terra, na plantação, na manutenção das culturas e na colheita. A máquina utilizada nesta investigação é o tipo de máquina que poderia ser utilizada não para plantar, arar ou colher, mas para extrair nutrientes diretamente do solo sob a forma de suplementos alimentares e medicinais. Uma máquina utiliza energia para aplicar forças e controlar o movimento para realizar uma ação pretendida. As máquinas podem ser alimentadas por animais e pessoas, por forças naturais, como o vento e a água, e por energia química, térmica ou eléctrica, e compreendem um sistema de mecanismos que moldam a entrada no atuador para conseguir uma aplicação específica de força e movimento de saída. Uma **máquina é** um dispositivo, com um único objetivo, que aumenta ou substitui o esforço humano ou animal na execução de tarefas físicas. Esta ampla categoria engloba dispositivos tão simples como o plano inclinado, a alavanca, a cunha, a roda e o eixo, a polia e o parafuso, bem como sistemas mecânicos tão complexos como o automóvel moderno.[12] As máquinas modernas são sistemas complexos constituídos por elementos estruturais, mecanismos e componentes de controlo, e incluem interfaces para utilização prática. Os exemplos incluem uma vasta gama de veículos, como automóveis, barcos e aviões, electrodomésticos e aparelhos de escritório, sistemas de tratamento de ar e água em edifícios, bem como máquinas agrícolas, máquinas-ferramentas, sistemas de automatização de fábricas e robôs.

O funcionamento de uma máquina pode envolver a transformação de energia química, térmica, eléctrica ou nuclear em energia mecânica, ou vice-versa, ou a sua função pode ser simplesmente a de modificar e transmitir forças e movimentos. Todas as máquinas têm uma entrada, uma saída e um dispositivo de transformação ou de modificação e transmissão.[13] As máquinas que recebem a sua energia de entrada de uma fonte natural, como as correntes de ar, a água em movimento, o carvão, o petróleo ou o urânio, e a convertem em energia mecânica são conhecidas como motores primários. Os moinhos de vento, as rodas de água, as turbinas, as máquinas a vapor e os motores de combustão interna são motores primários. Nestas máquinas, as entradas variam; as saídas são normalmente veios rotativos que podem ser utilizados como entradas noutras máquinas, como geradores eléctricos, bombas hidráulicas ou compressores de ar. Os três últimos dispositivos podem ser classificados como geradores; as suas saídas de energia eléctrica, hidráulica e pneumática podem ser utilizadas como entradas para motores eléctricos, hidráulicos ou pneumáticos.[14] Em alguns casos, as máquinas de todas estas categorias são combinadas numa única unidade. Numa locomotiva diesel-eléctrica, por exemplo, o motor diesel é o motor principal que acciona o gerador elétrico, o qual, por sua vez, fornece corrente eléctrica aos motores que accionam as rodas. O *mecanismo de* um

[12] Máquina em https://www.britannica.com/technology/machine
[13] Máquina em https://www.britannica.com/technology/machine
[14] Máquina em https://www.britannica.com/technology/machine

sistema mecânico é montado a partir de componentes denominados *elementos* de máquina. Estes elementos fornecem a estrutura do sistema e controlam o seu movimento. Os conjuntos que controlam o movimento são também designados por "mecanismos".[15] Os mecanismos são geralmente classificados como engrenagens e comboios de engrenagens, que incluem transmissões por correias e correntes, mecanismos de cames e seguidores e ligações, embora existam outros mecanismos especiais, como ligações de aperto, mecanismos de indexação, escapes e dispositivos de fricção, como travões e embraiagens.

[15] Reuleaux, F., *The Kinematics of Machinery* New York (1963) e J. J. Uicker, G. R. Pennock, and J. E. Shigley, *Theory of Machines and Mechanisms,* Oxford University Press, 2003, Nova Iorque.

2. UMA AVALIAÇÃO DO PAPEL CENTRAL DA AGRICULTURA

A vitalidade do papel central da agricultura foi estabelecida pela sua afinidade com uma vasta gama de disciplinas. A engenharia está há muito tempo na vanguarda das disciplinas com um impacto profundo na agricultura. A engenharia agrícola é a disciplina da engenharia que estuda a produção e a transformação agrícolas. A engenharia agrícola combina as disciplinas de
A engenharia agrícola é uma combinação de princípios de engenharia mecânica, civil, eléctrica e química com um conhecimento dos princípios agrícolas baseado em princípios tecnológicos. A engenharia agrícola melhora a produção de máquinas essenciais à produção agrícola. As máquinas são dispositivos utilizados para lavrar o solo e para plantar, cultivar e colher colheitas. Desde a antiguidade, quando as pessoas começaram a cultivar, utilizaram ferramentas para as ajudar a cultivar e a colher. Utilizavam ferramentas pontiagudas para cavar e soltar o solo e objectos afiados, semelhantes a facas, para colher as colheitas maduras. As modificações introduzidas nestas primeiras ferramentas levaram ao desenvolvimento de pequenas ferramentas manuais que ainda hoje são utilizadas para a jardinagem em pequena escala, como a pá, a enxada, o ancinho, a espátula e a foice, e de ferramentas maiores, como as charruas e os ancinhos grandes, que são puxados por seres humanos, animais ou máquinas simples.[16]

A economia também desempenhou um papel central na agricultura em termos das implicações financeiras da agricultura. A economia agrícola aplica os modelos analíticos da economia aos problemas agrícolas. Aplica os princípios da escolha na utilização de recursos limitados, como a terra, o capital de trabalho e a gestão na agricultura e actividades conexas. Procura oferecer soluções práticas na utilização dos recursos limitados dos agricultores para maximizar o rendimento. Além disso, a disciplina da sociologia conquistou um lugar para si própria nas relações agrícolas. A sociologia rural desenvolveu recentemente um novo programa de investigação centrado na sociologia da agricultura. Isto revitalizou um domínio de investigação que se tinha perdido desde o declínio do continuum rural-urbano na década de 1960. A crise da sociologia rural nos anos 70 é analisada em relação a este vazio teórico e ao falhanço do impacto político...[17]

Além disso, o sector da educação está desde há muito imerso em programas agrícolas. O ensino e a formação agrícolas (AET) abrangem um vasto leque de actividades formais e informais que reforçam as capacidades do sector agrícola e do desenvolvimento rural em geral, incluindo o ensino superior, os níveis de diploma e de certificado, a formação profissional e a formação no local de trabalho, bem como

[16] **Microsoft ® Encarta ® 2009.** 1993-2008 Microsoft Corporation

[17] Howard Newby A sociologia da agricultura: Para uma nova sociologia rural Revista Anual de Sociologia 1983 9:1, 67-81

a aquisição informal de conhecimentos e competências.[18] Alguns destes sistemas formais de ensino e formação encontram-se em escolas e universidades; outros utilizam a formação em organizações laborais privadas e públicas; e os mais relevantes para os pequenos agricultores são os sistemas de ensino no terreno, como as Farmer Field Schools.[19]

O domínio da história é igualmente essencial para a agricultura, porque as práticas agrícolas devem inspirar-se no passado para melhorar o futuro. A história da agricultura é a história do desenvolvimento e do cultivo, pelo homem, de processos de produção de géneros alimentícios, alimentos para animais, fibras, combustíveis e outros bens, através da criação sistemática de plantas e animais. Antes do desenvolvimento da cultura de plantas, os seres humanos eram caçadores e recolectores. Os conhecimentos e as competências adquiridas no cultivo da terra e das plantas favoreceram o desenvolvimento da sociedade humana, permitindo que os clãs e as tribos permanecessem no mesmo sítio geração após geração. O desenvolvimento sustentável do abastecimento alimentar mundial tem um impacto na sobrevivência a longo prazo da espécie, razão pela qual é necessário garantir que os métodos agrícolas se mantêm em harmonia com o ambiente.[20] O emprego agrícola tem uma das taxas de mortalidade mais elevadas entre os grupos profissionais nos Estados Unidos, o que faz da saúde e segurança dos agricultores, trabalhadores agrícolas e residentes agrícolas uma prioridade máxima para epidemiologistas, profissionais de saúde e segurança no trabalho, prestadores de serviços de saúde rural, profissionais de saúde pública, agentes de extensão e educadores.[21]

Além disso, o campo da administração de empresas é um aspeto essencial da teoria agro-cêntrica. O agronegócio, também conhecido como agroindústria, é a operação, gestão, produção e comercialização de produtos agrícolas, tais como gado e culturas. O sector agrícola inclui a gestão de recursos, a agricultura, a conservação, a criação de animais e as vendas. À medida que a tecnologia avança e os mercados se tornam mais globais, as empresas agrícolas desenvolvem-se para satisfazer e resolver as necessidades e os problemas da agricultura avançada. As escolas que oferecem cursos de paisagismo também estão entre estas escolhas populares. A agricultura moderna, incluindo o cultivo de plantas para alimentação e combustível, e a criação de animais para alimentação, lã e muito mais, é uma indústria complexa.

---

18 Davis, K, Ekboir, J, Mekasha, W, Ochieng, CM, Spielman, DJ & Zerfu, E 2007, 'Strengthening agricultural education and training in Sub-Saharan Africa from an innovation systems perspective: Case studies of Ethiopia and Mozambique' The Journal of Agricultural Education and Extension, vol. 14, no. 1, pp. 35-51. 14, no. 1, pp. 35-51

19 Maguire, C 2011, Building the Base for Global Food Security - Agricultural Education and Training. Agência dos Estados Unidos para o Desenvolvimento Internacional (USAID), Washington, DC.

20 h ttp://www.newworldencyclopedia.org/entry/History_of_agriculture

21 Kelley J. Donham, Anders Thelin, Agricultural Medicine: Occupational and Environmental Health for the Health Professions, maio de 2006, Wiley-Blackwell.

À medida que os agricultores aprendem a competir e a manter-se viáveis num mercado global, baseiam-se em princípios empresariais e numa rede complexa de profissionais agrícolas e empresariais. Estes incluem tirar partido dos novos avanços na agricultura, como a bioengenharia, a mecanização e as novas práticas de criação; decidir como vender as colheitas, quer a nível local quer numa bolsa de mercadorias; e gerir e segurar a terra da forma mais rentável possível. Como profissional da agricultura, pode trabalhar em qualquer uma destas áreas, quer como agricultor, quer como profissional de apoio aos agricultores.[22]

Para além disso, a política governamental e a política moldam a agricultura e reforçam a teoria agro-cêntrica. A política agrícola descreve um conjunto de leis relativas à agricultura nacional e às importações agrícolas estrangeiras. Os governos aplicam geralmente políticas agrícolas com o objetivo de alcançar um resultado específico nos mercados nacionais de produtos agrícolas. Esse resultado pode dizer respeito, por exemplo, a um nível garantido de abastecimento, à estabilidade dos preços, à qualidade dos produtos, à seleção dos produtos, à utilização das terras ou ao emprego. O artigo "Agricultural Economies of Australia and New Zealand" do Australian Bureau of Agricultural and Resource Economics dá um exemplo da amplitude e dos tipos de preocupações em matéria de política agrícola: os principais desafios e questões que se colocam ao sector agrícola australiano são os seguintes

(a) desafios de marketing e gostos dos consumidores
(b) o ambiente comercial internacional (condições do mercado mundial, barreiras comerciais, barreiras técnicas e de quarentena, manutenção da competitividade mundial e da imagem de mercado e gestão das questões de biossegurança que afectam as importações e o estatuto sanitário das exportações)
(c) biossegurança (pragas e doenças como a encefalopatia espongiforme bovina (BSE), a gripe aviária, a febre aftosa, o cancro cítrico e o carvão da cana-de-açúcar)
(d) infra-estruturas (tais como transportes, portos, telecomunicações, energia e instalações de irrigação)
(e) competências de gestão e oferta de mão de obra (as exigências crescentes em matéria de planeamento empresarial, um melhor conhecimento dos mercados, a utilização de tecnologias modernas, como os computadores e os sistemas de posicionamento global, bem como uma melhor gestão agronómica, implicam que os gestores das explorações agrícolas modernas terão de ser cada vez mais qualificados.
(f) tecnologia (investigação, adoção, produtividade, culturas geneticamente modificadas (GM), investimento)
(g) água (direitos de acesso, comércio de água, fornecimento de água para resultados ambientais, atribuição de riscos em resposta à reafectação da água da utilização

[22] https://learn.org/articles/What_is_Agricultural_Business.html

consumptiva para a utilização ambiental, contabilização do abastecimento e da atribuição de água)[23]

(h) questões relacionadas com o acesso aos recursos (gestão da vegetação nativa, proteção e valorização da biodiversidade, sustentabilidade dos recursos agrícolas produtivos, responsabilidades dos proprietários).[24]

A capacidade de atrair tais subsídios é politicamente mediada e, frequentemente, varia muito entre os diferentes segmentos da população agrícola.

Mesmo os discípulos de outras ciências, como a química, a biologia, a geografia, a zoologia, os estudos ambientais e a física, estão todos entrelaçados na teoria agro-cêntrica. A agrofísica é um ramo da ciência na fronteira entre a agronomia e a física, cujos objectos de estudo são o agroecossistema, o objectos biológicos, o biótopo e a biocenose afectados pela atividade humana, estudados e descritos segundo os métodos das ciências físicas. Utilizando os conhecimentos das ciências exactas para resolver os grandes problemas da agricultura, a agrofísica consiste no estudo dos materiais e dos processos de produção e de transformação das culturas agrícolas, com especial destaque para o estado do ambiente e a qualidade dos materiais agrícolas e da produção alimentar.[25] A química agrícola deve ser vista no contexto do ecossistema do solo, no qual os componentes vivos e não vivos interagem em ciclos complexos que são essenciais para todos os seres vivos. As entradas de carbono dos organismos fotossintéticos fornecem, em última análise, o combustível para o crescimento e a reprodução de muitos organismos do solo. Os organismos do solo, por sua vez, promovem a decomposição do carbono orgânico e catalisam a libertação dos nutrientes necessários ao crescimento das plantas. A estabilidade e a produtividade dos ecossistemas agrícolas dependem do funcionamento eficiente destes e de outros processos, através dos quais o carbono e nutrientes como o azoto e o fósforo são reciclados. As perturbações do sistema induzidas pelo homem, como as causadas pela aplicação de pesticidas ou fertilizantes, alteram os processos do ecossistema, por vezes com consequências negativas para o ambiente.[26]

---

[23] Earl L. Butz "The Politics of Agricultural Subsidies" *Proceedings of the Academy of Political Science* Vol. 25, No. 1, The Election Issues of 1952 (maio de 1952), pp. 54-68

[24] Artigo do Australian Bureau of Agricultural and Resource Economics "Agricultural Economies of Australia and New Zealand".

[25] Série *Encyclopedia of Agrophysics*: Encyclopedia of Earth Sciences edts. Jan Glinski, Jozef Horabik, Jerzy Lipiec, Springer **2011**, *Encyclopedia of Soil Science,* edts. Ward Chesworth (Springer **2008**)

[26] Ver, em geral, Brady, Nyle C. e Weil, Ray R. *The Nature and Properties of Soils* , 13ª ed., Upper Saddle River, NJ: Prentice Hall, (2002); Diamond, Jared M. Guns, Ger and Steel: The Fates of Human Societies. Upper Saddle River, NJ: Prentice Hall, (2002); Diamond, Jared M. *Guns, Germs, and Steel: The Fates of Human Societies.* Nova Iorque: Norton, (1997); Hillel, Daniel *Out of the Earth: Civilization and the Life of the Soil.* Nova Iorque: Free Press, 1991

3. TEORIA AGRO-CÊNTRICA E SEGURANÇA ALIMENTAR

Se a teoria agro-cêntrica for utilizada corretamente, é possível às nações explorarem todo o potencial da produção, segurança e proteção alimentar. Os fundamentos teóricos e práticos devem começar com uma exposição das bases agro-cêntricas das disciplinas da humanidade.

Existe segurança alimentar quando todas as pessoas, em qualquer momento, têm acesso físico, social e económico a alimentos suficientes, seguros e nutritivos que satisfaçam as suas necessidades dietéticas e preferências alimentares para uma vida ativa e saudável. A segurança alimentar dos agregados familiares é a aplicação deste conceito ao nível da família, sendo os indivíduos que os compõem o centro das preocupações. A insegurança alimentar existe quando as pessoas não têm um acesso físico, social ou económico adequado aos alimentos, tal como acima definido. Na Conferência Mundial da Alimentação de 1974, o termo "segurança alimentar" foi definido com ênfase na oferta. A segurança alimentar, segundo a conferência, é a "disponibilidade permanente de uma oferta mundial suficiente de géneros alimentícios de base para assegurar uma expansão constante do consumo alimentar e compensar as flutuações da produção e dos preços".[27] As definições subsequentes acrescentaram à definição as questões da procura e do acesso. O relatório final da Cimeira Mundial da Alimentação de 1996 afirma que a segurança alimentar "existe quando todas as pessoas, em qualquer momento, têm acesso físico e económico a alimentos suficientes, seguros e nutritivos para satisfazer as suas necessidades dietéticas e preferências alimentares para uma vida ativa e saudável".[28] A segurança alimentar é garantida pelos seguintes factores

(a) **Acesso:** O acesso aos alimentos refere-se à acessibilidade e à distribuição dos alimentos, bem como às preferências individuais e familiares. O Comité dos Direitos Económicos, Sociais e Culturais das Nações Unidas observou que as causas da fome e da subnutrição não são frequentemente a falta de alimentos, mas a incapacidade de aceder aos alimentos disponíveis, geralmente devido à pobreza. A pobreza pode limitar o acesso aos alimentos e aumentar a vulnerabilidade de um indivíduo ou de um agregado familiar ao aumento dos preços dos alimentos.[29] O acesso aos alimentos depende do facto de o agregado familiar ter rendimentos suficientes para comprar alimentos aos preços em vigor, ou ter terra e outros recursos suficientes para cultivar os seus próprios alimentos. Os agregados

[27] *Reformas comerciais e segurança alimentar: Conceptualizar as ligações. FAO, ONU. 2003.*

[28] Raj Patel "Raj Patel: 'Soberania alimentar' é a próxima grande ideia". *Financial Times.* (20 de novembro de 2013).acedido em 17 de janeiro de 2014

[29] Ecker e Breisinger *O Sistema de Segurança Alimentar* (PDF). Washington, D.D.: Instituto Internacional de Investigação sobre Políticas Alimentares. (2012). pp. 1-14

familiares com recursos suficientes podem ultrapassar a instabilidade das colheitas e a escassez local de alimentos e manter o seu acesso aos alimentos.

(b) **Utilização:** O último pilar da segurança alimentar é a utilização dos alimentos, que se refere ao metabolismo dos alimentos pelos indivíduos. Uma vez que os alimentos são obtidos por um agregado familiar, vários factores afectam a quantidade e a qualidade dos alimentos que chegam aos membros do agregado familiar. [30]Para alcançar a segurança alimentar, os alimentos ingeridos devem ser saudáveis e suficientes para satisfazer as necessidades fisiológicas de cada indivíduo. O acesso aos cuidados de saúde é outro fator determinante na utilização dos alimentos, uma vez que a saúde dos indivíduos determina a forma como os alimentos são metabolizados. Por exemplo, os parasitas intestinais podem remover nutrientes do corpo e reduzir a utilização dos alimentos. O saneamento também pode reduzir o aparecimento e a propagação de doenças que podem afetar a utilização dos alimentos. A educação em nutrição e preparação de alimentos pode influenciar a utilização dos alimentos e melhorar este pilar da segurança alimentar.

(c) **Estabilidade:** A estabilidade alimentar refere-se à capacidade de obter alimentos ao longo do tempo. A insegurança alimentar pode ser transitória, sazonal ou crónica. No caso da insegurança alimentar transitória, os alimentos podem não estar disponíveis durante determinados períodos.[31] Em termos de produção alimentar, as catástrofes naturais e a seca conduzem a más colheitas e a uma menor disponibilidade de alimentos. Os conflitos civis podem também reduzir o acesso aos alimentos. A instabilidade do mercado, que conduz a um aumento dos preços dos géneros alimentícios, pode provocar uma insegurança alimentar transitória. A perda de emprego ou de produtividade, que pode ser causada por doença, é outro fator que pode levar à insegurança alimentar temporária. A insegurança alimentar sazonal pode resultar da regularidade das épocas de cultivo para a produção de alimentos.[32]
Os desafios para alcançar a segurança alimentar

(d) **Crise mundial da água:** Os lençóis freáticos estão a baixar em muitos países devido ao excesso de bombagem generalizado por potentes bombas a diesel e eléctricas. Esta situação acabará por conduzir à escassez de água e à redução das

---

[30] Gregory, P. J.; Ingram, J. S. I.; Brklacich, M. "Alterações climáticas e segurança alimentar". *Philosophical Transactions of the Royal Society B: Biological Sciences* (29 de novembro de 2005). **360** (1463) : 2139-2148

[31] Ecker e Breisinger *O Sistema de Segurança Alimentar* (PDF). Washington, D.D.: Instituto Internacional de Investigação sobre Políticas Alimentares. 2012 pp. 1-14

[32] FAO "O sistema alimentar e os factores que afectam a segurança alimentar e a nutrição das famílias". *Agriculture, food and nutrition for Africa: a resource book for teachers of agriculture.* Roma: Departamento de Agricultura e Proteção do Consumidor. (1997). *Acedido em 15 de outubro de 2013*

colheitas de cereais. Apesar da bombagem excessiva dos seus lençóis freáticos, a China está a desenvolver um défice de cereais.[33] Quando isso acontecer, é quase certo que os preços dos cereais irão aumentar. A maioria dos 3 mil milhões de pessoas que se espera que nasçam no mundo até meados do século nascerá em países que já estão a sofrer de escassez de água. Mas com a sua população a crescer 4 milhões por ano, é provável que em breve se voltem para o mercado mundial de cereais.[34]

(e) **Degradação do solo:** A agricultura intensiva conduz frequentemente a um círculo vicioso de esgotamento da fertilidade do solo e de diminuição do rendimento das culturas.[35] Cerca de 40% das terras agrícolas do mundo estão gravemente degradadas. Em África, se as actuais tendências de degradação dos solos se mantiverem, o continente poderá apenas conseguir alimentar 25% da sua população até 2025, de acordo com o Instituto de Recursos Naturais em África da UNU, com sede no Gana.[36]

(f) **Alterações climáticas: Prevê-se** que os fenómenos extremos, como as secas e as inundações, aumentem à medida que as alterações climáticas se forem instalando. Estes fenómenos, que vão desde as inundações nocturnas até às secas que se agravam progressivamente, terão uma série de impactos no sector agrícola. Até 2040, quase toda a região do Nilo, que outrora incluía vastas áreas de terras agrícolas irrigadas, deverá tornar-se um deserto quente onde as culturas não podem ser cultivadas devido à falta de água.[37] De acordo com o relatório da Rede de Conhecimento sobre o Clima e o Desenvolvimento *"Managing Climate Extremes and Disasters in the Agriculture Sectors: Lessons from the IPCC SREX Report,* os impactos incluirão alterações na produtividade e nos estilos de vida, perdas económicas e impactos nas infra-estruturas, nos mercados e na segurança alimentar. No futuro, a segurança alimentar estará ligada à nossa capacidade de adaptar os sistemas agrícolas a fenómenos extremos.

(g) **Doenças agrícolas:** As doenças que afectam o gado ou as culturas podem ter efeitos devastadores no abastecimento alimentar, especialmente se não existir um plano de emergência. Por exemplo, a Ug99, uma estirpe de ferrugem do caule do

---

33 "A expansão da Terra". *Globalenvision.org.* 23 de novembro de 2005. *Acedido em 13 de novembro de 2011*

34 A escassez global de água pode levar à escassez de alimentos e ao esgotamento dos aquíferos. Greatlakesdirectory.org

35 "A Terra está a encolher: o avanço dos desertos e a subida dos mares estão a esmagar a civilização". *Earth-policy.org.* Acedido em 2014-12-28

36 "África só poderá alimentar 25% da sua população até 2025". *News.mongabay.com.* Acedido em 13 de novembro de 2011

37 Grupo de prospetiva estratégica *"Blue Peace for the Nile"* (março de 2013)

trigo que pode causar perdas de até 100% nas colheitas, está presente em campos de trigo em vários países de África e do Médio Oriente e prevê-se que se propague rapidamente nestas regiões e ainda mais longe, podendo causar uma catástrofe na produção de trigo que afectaria a segurança alimentar a nível mundial.[38]

---

[38] Robin McKie e Xan Rice *"Millions face starvation as crop disease rages". The Guardian (Reino Unido).* (abril
22, 2007). *Acedido em 13 de novembro de 2011*

4. SEGURANÇA ALIMENTAR

A segurança alimentar é uma condição ligada ao fornecimento de alimentos e ao acesso das pessoas a esses alimentos. As preocupações com a segurança alimentar têm existido ao longo da história. Na Conferência Mundial da Alimentação de 1974, o termo "segurança alimentar" foi definido com ênfase no abastecimento. A segurança alimentar, segundo a Conferência, é a "disponibilidade permanente de um abastecimento mundial suficiente de géneros alimentícios de base para apoiar uma expansão constante do consumo alimentar e compensar as flutuações da produção e dos preços".[39] As definições subsequentes acrescentaram à definição as questões da procura e do acesso. O relatório final da Cimeira Mundial da Alimentação de 1996 afirma que a segurança alimentar "existe quando todas as pessoas, em qualquer momento, têm acesso físico e económico a alimentos suficientes, seguros e nutritivos para satisfazer as suas necessidades dietéticas e preferências alimentares para uma vida ativa e saudável".[40]

A Cimeira Mundial sobre Segurança Alimentar de 1996 declarou que "os alimentos não devem ser utilizados como um instrumento de pressão política e económica".[41] De acordo com o Centro Internacional para o Comércio e o Desenvolvimento Sustentável, a incapacidade de regular os mercados agrícolas e a ausência de mecanismos anti-dumping estão na origem de grande parte da escassez de alimentos e da subnutrição a nível mundial. Um sistema alimentar comunitário, também conhecido como sistema alimentar local, "é um esforço de colaboração para integrar a produção agrícola e a distribuição de alimentos para melhorar o bem-estar económico, ambiental e social de um determinado local (ou seja, um bairro, uma cidade, um condado ou uma região)".[42] "Um dos principais pressupostos subjacentes ao conceito de alimentação sustentável é o facto de os alimentos serem produzidos, transformados e distribuídos tão localmente quanto possível. Esta abordagem apoia um sistema alimentar que preserva as terras agrícolas locais e promove a viabilidade económica da comunidade, requer menos energia para o transporte e oferece aos consumidores os alimentos mais frescos."[43]

---

[39] *Reformas comerciais e segurança alimentar: Conceptualização das ligações. FAO, ONU. 2003.*

[40] *Raj Patel (20 de novembro de 2013). Raj Patel: "A soberania alimentar é a próxima grande ideia". Financial Times. Acedido em 17 de janeiro de 2014*

[41] *Organização para a Alimentação e a Agricultura (novembro de 1996). "Declaração de Roma sobre Segurança Alimentar e Plano de Ação da Cimeira Mundial da Alimentação". Acedido em 26 de outubro de 2013*

[42][Gail Feenstra e Dave Campbell, "Steps for Developing a Sustainable Community Food System", *Pacific Northwest Sustainable Agriculture: Farming for Profit & Stewardship* (Winter 1996-97) 8(4) : pp. 1,6

[43] Jeanne Peters, "Community Food Systems: Working Toward a Sustainable Future", *Journal of the American Dietetic Association (Sept.* 1997) 97(9): pp. 955-95 6. NAL Call # 389.8 Am34

O **círculo alimentar é um** "conceito/modelo/visão de sistemas alimentares dinâmicos, de base comunitária e regionalmente integrados". Trata-se, de facto, de uma ecologia de sistemas. Ao contrário dos actuais sistemas lineares de produção-consumo, o círculo alimentar é um modelo de produção-consumo-reciclagem. Celebrando os ciclos, este modelo reflecte todos os sistemas naturais e baseia-se no facto de que todos os sistemas estáveis, biológicos e outros, funcionam como ciclos fechados ou círculos, preservando cuidadosamente a energia, os nutrientes, os recursos e a integridade do todo".[44]

Milhas alimentares

A distância que os alimentos percorrem desde o local onde são cultivados ou criados até ao local onde são comprados pelo consumidor ou utilizador final. Os sistemas alimentares locais podem reduzir os quilómetros percorridos pelos alimentos e os custos de transporte, resultando em poupanças de energia significativas. Os consumidores também beneficiam de alimentos mais frescos, mais saborosos e mais nutritivos, enquanto o dinheiro gasto em alimentos permanece nas comunidades rurais.[45]

Medidas

Os indicadores e medidas de segurança alimentar são derivados dos inquéritos nacionais sobre o rendimento e as despesas das famílias para estimar a disponibilidade calórica per capita.[46] Em geral, o objetivo dos indicadores e medidas de segurança alimentar é captar algumas ou todas as principais componentes da segurança alimentar em termos de disponibilidade, acesso e utilização ou adequação dos alimentos. Enquanto a disponibilidade (produção e abastecimento) e a utilização/adequação (estado nutricional/medidas antropométricas) parecem ser muito mais fáceis de estimar e, por conseguinte, mais populares, o acesso (capacidade de adquirir quantidade e qualidade suficientes) continua a ser muito difícil de avaliar. Os factores que influenciam o acesso das famílias aos alimentos são frequentemente específicos do contexto. Assim, as exigências financeiras e técnicas da recolha e análise de dados sobre todos os aspectos da experiência familiar de acesso aos alimentos e o desenvolvimento de medidas válidas e claras continuam a ser um enorme desafio. No entanto, foram desenvolvidas várias

---

[44] Projeto de ligação em rede dos círculos alimentares: Visão, http://foodcircles.missouri.edu/vision.htm(8/23/07)

[45] *Reducing Food Miles,* ATTRA - Serviço Nacional de Informação sobre Agricultura Sustentável. Disponível no sítio Web da ATTRA: http://attra.ncat.org/farm_energy/food_miles.html (8/23/07)

[46] *Perez-Escamilla, Rafael; Segall-Correa, Ana Maria (2008). "Medindo a insegurança alimentar e indicadores". Revista de Nutrigao, **21**: 15-26. doi:10.1590/s1415-52732008000500003. Acedido em 31 de julho de 2013*

medidas para captar a componente de acesso à segurança alimentar, com alguns exemplos notáveis desenvolvidos pelo projeto de Assistência Técnica Alimentar e Nutricional (FANTA) financiado pela USAID, em colaboração com as Universidades de Cornell e Tufts, bem como com a Africare e a World Vision.[47] Estes incluem as seguintes medidas:

Escala de Acesso à Insegurança Alimentar do Agregado Familiar (HFIAS) - medida contínua do grau de insegurança alimentar (acesso) do agregado familiar no mês anterior.
Escala de Diversidade Alimentar do Agregado Familiar (HDDS) - mede o número de diferentes grupos de alimentos consumidos durante um período de referência específico (24 horas/48 horas/7 dias).
Escala de Fome das Famílias (HHS) - mede a experiência de privação alimentar das famílias com base num conjunto de respostas previsíveis, recolhidas através de um inquérito e resumidas numa escala.
O Índice de Estratégias de Enfrentamento (CSI) avalia os comportamentos das famílias e atribui-lhes uma pontuação com base num conjunto de comportamentos variados estabelecidos sobre a forma como as famílias enfrentam a escassez de alimentos. A metodologia desta investigação baseia-se na recolha de dados a partir de uma única pergunta: "O que é que faz quando não tem comida suficiente e não tem dinheiro suficiente para comprar comida?"[48]

A insegurança alimentar é medida nos Estados Unidos através de perguntas feitas no âmbito do Inquérito à População Atual do Census Bureau. As perguntas incidem sobre a ansiedade relacionada com o facto de o orçamento familiar ser insuficiente para comprar alimentos suficientes, sobre a inadequação da quantidade ou qualidade dos alimentos consumidos por adultos e crianças no agregado familiar e sobre casos de redução da ingestão de alimentos ou as consequências da redução da ingestão de alimentos para adultos e crianças. Um estudo da Academia Nacional de Ciências encomendado pelo USDA criticou esta medida e a relação entre "segurança alimentar" e fome, acrescentando que "não é claro que a fome seja corretamente identificada como o fim da escala de segurança alimentar".[49]

A FAO, o Programa Alimentar Mundial (PAM) e o Fundo Internacional para o Desenvolvimento Agrícola (FIDA) colaboram para produzir *O Estado da Insegurança Alimentar no Mundo.* A edição de 2012 descreve as melhorias

---

[47] *Swindale, A ; Bilinsky, P. (2006). "Development of a universally applicable household food insecurity measurement tool: process, current status, and outstanding issues", The Journal of nutrition **136** (5): 1449S-1452S. Acedido em 31 de julho de 2013.*

[48] *Maxwell, Daniel G. (1996). "Measuring food insecurity: the frequency and severity of 'coping strategies'". Política Alimentar **21** (3): 291 303*

[49] *"Medir a insegurança alimentar e a fome: relatório da fase 1". Nap.edu. Acedido em 2011-03-16.*

efectuadas pela FAO no indicador Prevalência de Subnutrição (PoU) utilizado para medir as taxas de insegurança alimentar. As novidades incluem requisitos mínimos de energia alimentar revistos para cada país, dados actualizados sobre a população mundial e estimativas de perdas de alimentos na distribuição a retalho para cada país. As medidas tidas em conta no indicador incluem o fornecimento de energia alimentar, a produção alimentar, os preços dos alimentos, as despesas alimentares e a volatilidade do sistema alimentar. As fases da insegurança alimentar vão da segurança alimentar à fome.[50]

Cimeira Mundial sobre Segurança Alimentar

A Cimeira Mundial sobre Segurança Alimentar, realizada em Roma em 1996, teve como objetivo renovar o compromisso mundial na luta contra a fome. A Organização das Nações Unidas para a Alimentação e a Agricultura (FAO) convocou a cimeira em resposta à subnutrição generalizada e à crescente preocupação com a capacidade da agricultura para satisfazer as necessidades alimentares futuras. A conferência produziu dois documentos fundamentais, a Declaração de Roma sobre a Segurança Alimentar Mundial e o Plano de Ação da Cimeira Mundial da Alimentação.[51] A Declaração de Roma apela aos membros da ONU para que trabalhem no sentido de reduzir para metade o número de pessoas cronicamente subnutridas no mundo até 2015. O Plano de Ação estabelece uma série de objectivos para os governos e as organizações não governamentais com vista a alcançar a segurança alimentar a nível individual, familiar, nacional, regional e mundial.

Realizou-se em Roma, de 16 a 18 de novembro de 2009, uma nova Cimeira Mundial sobre Segurança Alimentar. A decisão de convocar esta cimeira foi tomada pelo Conselho da FAO em junho de 2009, sob proposta do Diretor-Geral da FAO, Jacques Diouf. Participaram na cimeira, que teve lugar na sede da FAO, chefes de Estado e de Governo.

Acesso

O acesso aos alimentos refere-se à acessibilidade dos preços e à distribuição dos alimentos, bem como às preferências dos indivíduos e dos agregados familiares. O Comité dos Direitos Económicos, Sociais e Culturais das Nações Unidas observou que as causas da fome e da subnutrição não são frequentemente a falta de alimentos, mas a incapacidade de aceder aos alimentos disponíveis, geralmente

---

[50] *Ayalew, Melaku. "Segurança alimentar, fome e fome" (PDF). Acedido em 21 de outubro de 2013*

[51] *"Cimeira Mundial da Alimentação: Informações básicas". Fas.usda.gov. 22 de fevereiro de 2005. Acedido em 201103-16.*

devido à pobreza. A pobreza pode limitar o acesso aos alimentos e aumentar a vulnerabilidade de um indivíduo ou de um agregado familiar ao aumento dos preços dos alimentos.[52] O acesso aos alimentos depende do facto de o agregado familiar ter rendimentos suficientes para comprar alimentos aos preços em vigor, ou ter terra e outros recursos suficientes para cultivar os seus próprios alimentos. Os agregados familiares com recursos suficientes podem ultrapassar a instabilidade das colheitas e a escassez local de alimentos e manter o seu acesso aos alimentos.

Existem dois tipos distintos de acesso aos alimentos: o acesso direto, em que uma família produz alimentos utilizando recursos humanos e materiais, e o acesso económico, em que uma família compra alimentos produzidos noutro local. A localização geográfica pode influenciar o acesso aos alimentos e o tipo de acesso que uma família irá utilizar.[53] Os activos de um agregado familiar, incluindo o rendimento, a terra, os produtos do trabalho, as heranças e os presentes, podem determinar o acesso do agregado familiar aos alimentos. No entanto, a capacidade de aceder a alimentos suficientes pode não levar à compra de alimentos em vez de outros materiais e serviços. A demografia e o nível de educação dos membros do agregado familiar, bem como o género do chefe de família, determinam as preferências do agregado familiar, que por sua vez influenciam o tipo de alimentos comprados. O acesso de um agregado familiar a alimentos suficientes e nutritivos pode não garantir uma ingestão alimentar adequada para todos os membros do agregado familiar, uma vez que a distribuição dos alimentos no agregado familiar pode não satisfazer suficientemente as necessidades de cada membro do agregado familiar.[54] O USDA acrescenta que o acesso aos alimentos deve ser efectuado através de meios socialmente aceitáveis, sem recorrer, por exemplo, a reservas alimentares de emergência, à procura de alimentos, ao roubo ou a outras estratégias de sobrevivência.

Utilização

O último pilar da segurança alimentar é a utilização dos alimentos, que se refere ao metabolismo dos alimentos pelos indivíduos. Uma vez que os alimentos são obtidos por um agregado familiar, vários factores influenciam a quantidade e a qualidade dos alimentos que chegam aos membros do agregado familiar. Para

---

[52] *Ecker e Breisinger (2012). O sistema de segurança alimentar (PDF). Washington, D.D.: Instituto Internacional de Investigação sobre Políticas Alimentares. pp. 114.*

[53] *Garrett, J e Ruel, M (1999). Serão os determinantes da segurança alimentar e do estado nutricional rural e urbano diferentes? Some Insights from Mozambique (PDF). Washington, D.C.: Instituto Internacional de Investigação de Políticas Alimentares. Acedido em 15 de outubro de 2013.*

[54] *Ecker e Breisinger (2012). O sistema de segurança alimentar (PDF). Washington, D.D.: Instituto Internacional de Investigação sobre Políticas Alimentares. pp. 114.*

garantir a segurança alimentar, os alimentos ingeridos devem ser seguros e suficientes para satisfazer as necessidades fisiológicas de cada indivíduo. [55]A segurança alimentar afecta a utilização dos alimentos e pode ser afetada pela preparação, transformação e confeção dos alimentos na comunidade e no agregado familiar. Os valores nutricionais do agregado familiar determinam a escolha dos alimentos, e o facto de os alimentos satisfazerem as preferências culturais é importante para a sua utilização em termos de bem-estar psicológico e social. O acesso aos cuidados de saúde é outro fator determinante da utilização dos alimentos, uma vez que a saúde dos indivíduos determina a forma como os alimentos são metabolizados. Por exemplo, os parasitas intestinais podem remover nutrientes do corpo e reduzir a utilização dos alimentos. O saneamento também pode reduzir o aparecimento e a propagação de doenças que podem afetar a utilização dos alimentos. A educação em nutrição e preparação de alimentos pode influenciar a utilização dos alimentos e melhorar este pilar da segurança alimentar.

Estabilidade

A estabilidade alimentar refere-se à capacidade de obter alimentos ao longo do tempo. A insegurança alimentar pode ser transitória, sazonal ou crónica. No caso da insegurança alimentar transitória, os alimentos podem não estar disponíveis durante determinados períodos.[56] Em termos de produção alimentar, as catástrofes naturais e a seca conduzem a más colheitas e a uma menor disponibilidade de alimentos. Os conflitos civis podem também reduzir o acesso aos alimentos. A instabilidade do mercado, que conduz a um aumento dos preços dos géneros alimentícios, pode provocar uma insegurança alimentar transitória. A perda de emprego ou de produtividade, que pode ser causada por doença, é outro fator que pode levar à insegurança alimentar temporária. A insegurança alimentar sazonal pode resultar da regularidade das épocas de cultivo para a produção de alimentos.[57]

A insegurança alimentar crónica (ou permanente) é definida como a falta persistente e prolongada de alimentos adequados. Neste caso, os agregados familiares estão em risco constante de não poderem adquirir os alimentos de que necessitam para satisfazer as necessidades de todos os seus membros. A insegurança

[55] *Gregory, P. J.; Ingram, J. S. I.; Brklacich, M. (29 de novembro de 2005). "Alterações climáticas e segurança alimentar". Transacções Filosóficas da Sociedade Real B: Ciências Biológicas **360** (1463): 2139-2148.*

[56] *[1] Ecker e Breisinger (2012). O sistema de segurança alimentar (PDF). Washington, D.D.: Instituto Internacional de Investigação sobre Políticas Alimentares. pp. 1-14.*

[57] *FAO (1997). "O sistema alimentar e os factores que afectam a segurança alimentar e a nutrição das famílias". Agricultura, alimentação e nutrição para África: um livro de referência para professores de agricultura. Roma: Departamento de Agricultura e Proteção do Consumidor. Acedido em 15 de outubro de 2013.*

alimentar crónica e a insegurança alimentar transitória estão ligadas, uma vez que o reaparecimento da segurança alimentar transitória pode tornar as famílias mais vulneráveis à insegurança alimentar crónica.[58]

Efeitos da insegurança alimentar

"A fome e a insegurança alimentar estão ambas na base da insegurança alimentar. A insegurança alimentar crónica traduz-se num elevado grau de vulnerabilidade à fome e à carestia; garantir a segurança alimentar pressupõe a eliminação desta vulnerabilidade".[59]

Os desafios para alcançar a segurança alimentar

Crise mundial da água

[60]Os défices de água, que já estão a levar a importações maciças de cereais em muitos países pequenos, poderão em breve fazer o mesmo em países maiores, como a China e a Índia. Os lençóis freáticos estão a afundar-se em muitos países (incluindo o norte da China, os Estados Unidos e a Índia) em consequência do excesso de bombagem generalizado por potentes bombas a diesel e eléctricas. O Paquistão, o Afeganistão e o Irão também são afectados. Esta situação acabará por conduzir a uma escassez de água e a uma redução das colheitas de cereais. Apesar da bombagem excessiva dos seus aquíferos, a China está a desenvolver um défice de cereais.[61] Quando isso acontecer, é quase certo que os preços dos cereais aumentarão. A maioria dos 3 mil milhões de pessoas que se espera que nasçam no mundo até meados do século nascerá em países que já estão a sofrer de escassez de água. Depois da China e da Índia, há um segundo grupo de países mais pequenos com défices significativos de água: Afeganistão, Argélia, Egipto, Irão, México e Paquistão. Quatro destes países já importam uma grande parte dos seus cereais. Apenas o Paquistão continua a ser autossuficiente. Mas com a sua população a crescer 4 milhões por ano, é provável que em breve se volte para o mercado mundial

---

[58] *FAO (1997). "O sistema alimentar e os factores que afectam a segurança alimentar e a nutrição das famílias". Agricultura, alimentação e nutrição para África: um livro de referência para professores de agricultura. Roma: Departamento de Agricultura e Proteção do Consumidor. Acedido em 15 de outubro de 2013.*

[59] *Ayalew, Melaku. "Segurança alimentar, fome e fome" (PDF). Acedido em 21 de outubro de 2013.*

[60] *"Escassez de água para além das fronteiras nacionais". Earth-policy.org. 27 de setembro de 2006. Arquivado do original em 8 de julho de 2009. Acedido em 13 de novembro de 2011.*

[61] *"A expansão da Terra". Globalenvision.org. 23 de novembro de 2005. Recuperado em novembro 13, 2011*

de cereais.[62]

Degradação dos solos

A agricultura intensiva conduz frequentemente a um círculo vicioso de esgotamento da fertilidade do solo e de diminuição do rendimento das culturas.[63] Cerca de 40% das terras agrícolas do mundo estão gravemente degradadas. Em África, se as actuais tendências de degradação dos solos se mantiverem, o continente poderá apenas conseguir alimentar 25% da sua população até 2025, de acordo com o Instituto de Recursos Naturais em África da UNU, com sede no Gana.[64]

Alterações climáticas

Prevê-se que os fenómenos extremos, como as secas e as inundações, aumentem à medida que as alterações climáticas se forem instalando. Estes fenómenos, que vão desde as inundações nocturnas até às secas que se agravam progressivamente, terão uma série de impactos no sector agrícola. Até 2040, quase toda a região do Nilo, que outrora incluía vastas áreas de terras agrícolas irrigadas, deverá tornar-se um deserto quente onde as culturas não podem ser cultivadas devido à falta de água.[65] De acordo com o relatório da Climate & Development KnowledgeNetwork *Managing Climate Extremes and Disasters in the Agriculture Sectors: Lessons from the IPCC SREX Report,* os impactos incluirão alterações na produtividade e nos estilos de vida, perdas económicas e impactos nas infra-estruturas, nos mercados e na segurança alimentar. No futuro, a segurança alimentar estará ligada à nossa capacidade de adaptar os sistemas agrícolas a fenómenos extremos. Por exemplo, as mulheres Garifuna nas Honduras estão a ajudar a garantir a segurança alimentar a nível local, reavivando e melhorando a produção de culturas de raízes tradicionais, reforçando os métodos tradicionais de conservação do solo, organizando formação em compostagem orgânica e utilização de pesticidas e criando o primeiro mercado de agricultores Garifuna. Dezasseis cidades trabalharam em conjunto para criar bancos de ferramentas e de sementes. A plantação de árvores de fruto silvestres ao longo da costa está a ajudar a evitar a erosão do solo. O objetivo é reduzir a vulnerabilidade das comunidades aos riscos associados às alterações climáticas.[66]

[62] A escassez de água a nível mundial pode levar à escassez de alimentos e ao esgotamento dos aquíferos. Greatl akesdirectory .org.

[63] *"A Terra está a encolher: o avanço dos desertos e a subida dos mares esmagam a civilização". Earth- policy.org. Acedido em 2014-12-28.*

[64] *"África só poderá alimentar 25% da sua população até 2025". News.mongabay.com. Acedido em 13 de novembro de 2011.*

[65] *Strategic Foresight Group (março de 2013). "Paz Azul para o Nilo*

[66] Rede de Conhecimento sobre Clima e Desenvolvimento. 2012. *Gerir os extremos climáticos e as catástrofes no sector agrícola: Lições do relatório SREX do IPCC.*

Noutras partes do mundo, o declínio da produção de cereais, de acordo com o modelo global de comércio de alimentos, terá um efeito significativo, particularmente nas regiões de baixa latitude, onde se situa grande parte do mundo em desenvolvimento. Consequentemente, o preço dos cereais aumentará, assim como o dos países em desenvolvimento que tentam cultivá-los. O baixo rendimento das culturas é apenas um dos problemas com que se confrontam os agricultores das regiões tropicais e de baixas latitudes. De acordo com o USDA, o calendário e a duração das estações de crescimento, durante as quais os agricultores plantam as suas colheitas, mudarão radicalmente devido a alterações desconhecidas nas condições de temperatura e humidade do solo.[67]

Doenças agrícolas

As doenças que afectam o gado ou as culturas podem ter efeitos devastadores no abastecimento alimentar, especialmente se não for implementado um plano de emergência. Por exemplo, a Ug99, uma estirpe de ferrugem do caule do trigo que pode causar perdas de até 100% nas colheitas, está presente em campos de trigo em vários países africanos e do Médio Oriente e prevê-se que se propague rapidamente nessas regiões e ainda mais longe, podendo causar uma catástrofe na produção de trigo que afectaria a segurança alimentar a nível mundial.[68]

A diversidade genética dos parentes do trigo selvagem pode ser utilizada para melhorar as variedades modernas, de modo a torná-las mais resistentes à ferrugem. Nos seus centros de origem, as plantas de trigo selvagem são examinadas quanto à sua resistência à ferrugem, depois a sua informação genética é estudada e, por fim, as plantas selvagens e as variedades modernas são cruzadas utilizando o melhoramento vegetal moderno para transferir os genes de resistência das plantas selvagens para as variedades modernas.

Ditadura e cleptocracia

Amartya Sen, economista galardoado com o Prémio Nobel, observou que "não existe um problema alimentar apolítico". Embora a seca e outros fenómenos naturais possam desencadear situações de fome, é a ação ou inação dos governos que determina a sua gravidade e, muitas vezes, a ocorrência ou não de uma situação de fome. O século XX está repleto de exemplos de governos que prejudicaram a segurança alimentar das suas próprias nações - por vezes intencionalmente·

Quando os governos chegam ao poder pela força ou através de eleições

---

[67] *"Os desafios das alterações climáticas (PDF). Acedido em 13 de novembro de 2011.*

[68] *Robin McKie e Xan Rice (22 de abril de 2007). "Milhões de pessoas enfrentam a fome devido a doenças nas culturas raiva". The Guardian (Reino Unido). Acedido em 13 de novembro de 2011.*

manipuladas, e não através de eleições justas e abertas, a sua base de apoio é muitas vezes estreita e baseada no compadrio e no favoritismo. Nestas condições, "a distribuição de alimentos num país é uma questão política. Na maioria dos países, os governos dão prioridade às zonas urbanas, porque é aí que tendem a estar as famílias e as empresas mais influentes e poderosas. O governo negligencia frequentemente os agricultores de subsistência e as zonas rurais em geral. Quanto mais remota e subdesenvolvida for a região, menos eficazmente o governo será capaz de responder às suas necessidades. Muitas políticas agrárias, nomeadamente a fixação dos preços dos produtos agrícolas, discriminam as zonas rurais. Os governos mantêm muitas vezes os preços dos cereais básicos tão artificialmente baixos que os produtores de subsistência não conseguem acumular capital suficiente para investir na melhoria da sua produção. Em consequência, são efetivamente impedidos de sair da sua situação precária".[69]

Além disso, os ditadores e os senhores da guerra têm utilizado os alimentos como arma política, recompensando os seus apoiantes e recusando-se a fornecer alimentos às regiões que se opõem ao seu poder. Nestas condições, os alimentos tornam-se uma moeda de troca para comprar apoio e a fome torna-se uma arma eficaz para utilizar contra a oposição.

Os governos com uma forte tendência para a cleptocracia podem comprometer a segurança alimentar mesmo quando as colheitas são boas. Quando o governo monopoliza o comércio, os agricultores podem descobrir que são livres de produzir culturas de rendimento para exportação, mas só podem vender as suas colheitas aos compradores do governo a preços muito inferiores aos preços do mercado mundial, sob ameaça de serem processados. O governo é então livre de vender as suas colheitas no mercado mundial a um preço mais elevado, embolsando a diferença. Esta situação cria uma "armadilha da pobreza" artificial da qual nem mesmo os agricultores mais trabalhadores e motivados conseguem escapar.

Quando o Estado de direito não existe ou a propriedade privada é inexistente, os agricultores têm poucos incentivos para melhorar a sua produtividade. Se uma exploração agrícola se tornar significativamente mais produtiva do que as explorações vizinhas, pode tornar-se um alvo para indivíduos bem relacionados com o governo. Em vez de correrem o risco de serem notados e possivelmente perderem as suas terras, os agricultores podem contentar-se com a segurança da mediocridade.

Como refere William Bernstein no seu livro *The Birth of Plenty:* "Os indivíduos sem propriedade correm o risco de morrer à fome, e é muito mais fácil submeter os medrosos e os famintos à vontade do Estado. Se a propriedade [de um agricultor] puder ser arbitrariamente ameaçada pelo Estado, esse poder será inevitavelmente utilizado para intimidar os que têm opiniões políticas e religiosas diferentes".

---

[69] Fred *Cuny-Famine, Conflict, and Response: a Basic Guide;* Kumarian Press, 1999.

Soberania alimentar

A abordagem conhecida como soberania alimentar vê as práticas comerciais das multinacionais como uma forma de neo-colonialismo. Argumenta que as multinacionais têm os recursos financeiros para comprar os recursos agrícolas das nações empobrecidas, particularmente nos trópicos. Têm também o poder político para converter esses recursos na produção exclusiva de culturas de rendimento para venda a países industrializados fora dos trópicos e, nesse processo, expulsar os pobres das terras mais produtivas.[70] Nesta perspetiva, os agricultores de subsistência só podem cultivar terras cuja produtividade é tão marginal que não interessa às multinacionais. Do mesmo modo, a soberania alimentar considera que as comunidades devem poder definir os seus próprios meios de produção e que a alimentação é um direito humano fundamental. Com muitas multinacionais a imporem atualmente tecnologias agrícolas aos países em desenvolvimento, incluindo sementes melhoradas, fertilizantes químicos e pesticidas, a produção agrícola tornou-se uma questão cada vez mais analisada e debatida. Muitas comunidades que reivindicam a soberania alimentar estão a protestar contra a imposição de tecnologias ocidentais aos seus sistemas e organismos indígenas.

Riscos para a segurança alimentar

Crescimento da população

As actuais projecções das Nações Unidas indicam um aumento contínuo da população num futuro previsível (mas um declínio constante da taxa de crescimento da população), prevendo-se que a população mundial atinja entre 8,3 e 10,9 mil milhões em 2050. As estimativas da Divisão de População das Nações Unidas para o ano 2150 variam entre 3,2 e 24,8 mil milhões; a modelação matemática apoia a estimativa mais baixa. Alguns analistas questionam a viabilidade de um maior crescimento da população mundial, apontando para pressões crescentes sobre o ambiente, o abastecimento alimentar global e os recursos energéticos. As soluções para alimentar os nove mil milhões de pessoas do mundo no futuro estão a ser estudadas e documentadas.[71] No nosso planeta, uma em cada sete pessoas vai para a cama com fome. As pessoas estão a sofrer de sobrepopulação e 25.000 pessoas morrem todos os dias de subnutrição e de doenças relacionadas com a fome.

Dependência de combustíveis fósseis

---

[70] *Lawrence, Felicity (15 de setembro de 2010). "Grande empresa é clara vencedora na indústria de espargos do Peru | Desenvolvimento global | guardian.co.uk". The Guardian (Reino Unido). Acedido em 2011-03-16*

[71] Quer alimentar nove mil milhões de pessoas?" http://www.foodsecurity.ac.uk/blog/index.php/2013/06/want-to- feed-nine-billion/Retrieved 25 August 2013

Embora a produção agrícola tenha aumentado em resultado da Revolução Verde, o consumo de energia no processo (ou seja, a energia que tem de ser gasta para produzir uma cultura) também aumentou a um ritmo mais elevado, pelo que o rácio entre as culturas produzidas e o consumo de energia diminuiu ao longo do tempo. As técnicas da Revolução Verde também dependem fortemente de fertilizantes químicos, pesticidas e herbicidas, alguns dos quais têm de ser produzidos a partir de combustíveis fósseis, tornando a agricultura cada vez mais dependente dos produtos petrolíferos.

Entre 1950 e 1984, quando a Revolução Verde transformou a agricultura mundial, a produção global de cereais aumentou 250%. A energia necessária para a Revolução Verde foi fornecida por combustíveis fósseis sob a forma de fertilizantes (gás natural), pesticidas (petróleo) e sistemas de irrigação movidos a hidrocarbonetos.

No seu estudo *Food, Land, Population and the U.S. Economy,* David Pimentel, Professor de Ecologia e Agricultura na Universidade de Cornell, e Mario Giampietro, Investigador Sénior do Instituto Nacional de Investigação Alimentar e Nutricional (INRAN), estimam em 200 milhões a população máxima dos Estados Unidos para uma economia sustentável. Para alcançar uma economia sustentável e evitar uma catástrofe, os Estados Unidos teriam de reduzir a sua população em pelo menos um terço e a população mundial em dois terços, segundo o estudo.

Hibridação, engenharia genética e perda de biodiversidade

Na agricultura e na pecuária, a Revolução Verde popularizou a utilização da hibridação convencional para aumentar os rendimentos através da criação de "variedades de elevado rendimento". Muitas vezes, as poucas raças hibridadas provinham de países desenvolvidos e eram depois hibridadas com variedades locais no resto do mundo em desenvolvimento para criar estirpes de elevado rendimento resistentes ao clima e às doenças locais.

[7]Numa recensão da publicação de Borlaug de 2000, *Ending world hunger: the promise of biotechnology and the threat of antiscience zealotry* , os autores afirmam que os avisos de Borlaug continuam a ser relevantes em 2010.[72][73]

As culturas geneticamente modificadas são tão naturais e seguras como o trigo para pão de hoje em dia, afirmou o Dr. Borlaug, que também recordou aos agrónomos a sua obrigação moral de se oporem à multidão anti-ciência e de avisarem os decisores políticos de que a insegurança alimentar mundial não desaparecerá sem esta nova tecnologia e que ignorar esta realidade da insegurança

---

[72] *Borlaug, N.E. (2000), "Ending world hunger: the promise of biotechnology and the threat of antiscience zealotry", Plant Physiology **124**: 487-490,*

[73] *Rozwadowski, Kevin; Kagale, Sateesh (nd), Global Food Security: The Role of Agricultural Biotechnology Commentary (PDF), Saskatoon, Saskatchewan: Saskatoon Research Centre, Agriculture and Agri-Food Canada, acedido em 12 de janeiro de 2014.*

alimentar mundial tornaria as soluções futuras ainda mais difíceis de implementar.
- *Rozwadowski e Kagale*

[74]Os agroecologistas Miguel Altieri e Peter Rosset enumeraram dez razões pelas quais a biotecnologia não garante a segurança alimentar, não protege o ambiente e não reduz a pobreza:

Não existe qualquer relação entre a prevalência da fome num determinado país e a sua população.

A maioria das inovações no domínio da biotecnologia agrícola tem sido impulsionada pelo lucro e não pela necessidade.

A teoria ecológica prevê que a homogeneização em grande escala da paisagem pelas culturas transgénicas irá agravar os problemas ecológicos já associados à monocultura.

E que grande parte dos alimentos necessários pode ser produzida por pequenos agricultores em todo o mundo, utilizando as tecnologias agro-ecológicas existentes.

Preços

Em 30 de abril de 2008, a Tailândia, um dos maiores exportadores de arroz do mundo, anunciou planos para criar a Organização dos Países Exportadores de Arroz, que poderá transformar-se num cartel de fixação dos preços do arroz. O plano consiste em organizar 21 países exportadores de arroz para criar uma organização com o mesmo nome para controlar os preços do arroz. O grupo é constituído principalmente pela Tailândia, Vietname, Camboja, Laos e Myanmar. A organização tem como objetivo "ajudar a garantir a estabilidade alimentar, não só num determinado país, mas também para fazer face à escassez de alimentos na região e a nível mundial". No entanto, resta saber se esta organização desempenhará o seu papel como um cartel eficaz de fixação dos preços do arroz, semelhante ao mecanismo de gestão do petróleo da OPEP. Analistas económicos e comerciantes afirmaram que a proposta não será bem sucedida devido à incapacidade dos governos de cooperarem entre si e de controlarem a produção dos agricultores. Além disso, os países em causa manifestaram a sua preocupação com o agravamento da segurança alimentar.[75]

Crianças e segurança alimentar

Em 29 de abril de 2008, um relatório da UNICEF do Reino Unido revelou que as crianças mais pobres e mais vulneráveis do mundo estão a ser as mais afectadas pelo impacto das alterações climáticas. O relatório, intitulado "Our

[74] Altieri, Miguel A., e Peter Rosset. (1999) "Ten Reasons Why Biotechnology Will Not Help the Developing World". AgBioForum, Vol. 2(3&4), pp.155-62.

[75] *"A Tailândia abandona a ideia de um cartel de arroz". The New York Times. 6 de maio de 2008.*

Climate, Our Children, Our Responsibility: The Implications of Climate Change for the World's Children" (O nosso clima, as nossas crianças, a nossa responsabilidade: as implicações das alterações climáticas para as crianças do mundo), indica que o acesso à água potável e aos alimentos se tornará mais difícil, sobretudo em África e na Ásia.[76]

Em comparação, num dos maiores países produtores de alimentos do mundo, os Estados Unidos, cerca de uma em cada seis pessoas sofre de "insegurança alimentar", incluindo 17 milhões de crianças, de acordo com o Departamento de Agricultura dos EUA. Um estudo de 2012 publicado no *Journal of Applied Research on Children* revelou que as taxas de segurança alimentar variavam significativamente consoante a raça, a classe e a educação. No jardim de infância e no terceiro ano, 8% das crianças foram classificadas como tendo insegurança alimentar, mas apenas 5% das crianças brancas tinham insegurança alimentar, enquanto 12% e 15% das crianças negras e hispânicas tinham insegurança alimentar, respetivamente. No terceiro ano, 13% das crianças negras e 11% das crianças hispânicas estavam em situação de insegurança alimentar, em comparação com 5% das crianças brancas.[77]

Género e segurança alimentar

A desigualdade entre os géneros é simultaneamente a causa e o resultado da insegurança alimentar. Calcula-se que as mulheres e as raparigas representem 60% das pessoas que sofrem de fome crónica no mundo, e poucos progressos foram feitos para garantir o direito igual das mulheres à alimentação, consagrado na Convenção sobre a Eliminação de Todas as Formas de Discriminação contra as Mulheres. As mulheres são discriminadas tanto na educação e no emprego como no seio do agregado familiar, onde o seu poder de negociação é mais fraco. Por outro lado, a igualdade de género é descrita como um elemento essencial para acabar com a subnutrição e a fome.[78] As mulheres tendem a ser responsáveis pela preparação das refeições e pelo cuidado das crianças no seio da família e são mais susceptíveis de gastar o seu rendimento na alimentação e nas necessidades dos filhos. As mulheres também desempenham um papel importante na produção, transformação, distribuição e comercialização de alimentos. Trabalham frequentemente como

---

[76] UNICEF UK News :: News item :: As trágicas consequências das alterações climáticas para as crianças do mundo :: 29 de abril de 2008 00:00 Arquivado 22 de janeiro de 2009 no Máquina Wayback

[77] *"Características individuais, familiares e de vizinhança e a alimentação das crianças Insecurity"*.JournalistsResource.org. Acedido em 13 de abril de 2012

[78] *FAO, ADB (2013). Igualdade de género e segurança alimentar - O empoderamento das mulheres como ferramenta de combate à fome (PDF). Cidade de Mandaluyong, Filipinas: ADB.*

trabalhadoras familiares não remuneradas, estão envolvidas na agricultura de subsistência e representam cerca de 43% da mão de obra agrícola nos países em desenvolvimento, variando entre 20% na América Latina e 50% no Leste e Sudeste Asiático e na África Subsariana. No entanto, as mulheres são discriminadas no seu acesso à terra, ao crédito, à tecnologia, ao financiamento e a outros serviços. Estudos empíricos sugerem que, se as mulheres tivessem o mesmo acesso aos recursos produtivos que os homens, poderiam aumentar os seus rendimentos em 20-30%, o que aumentaria a produção agrícola global nos países em desenvolvimento em 2,5-4%. Embora se trate de estimativas aproximadas, não se pode negar o impacto positivo significativo da redução das disparidades entre os géneros na produtividade agrícola.[79] Os aspectos da segurança alimentar relacionados com o género podem ser vistos nos quatro pilares da segurança alimentar: disponibilidade, acesso, utilização e estabilidade, tal como definidos pela Organização das Nações Unidas para a Alimentação e a Agricultura (FAO).[80]

Parcerias globais para a segurança alimentar e a erradicação da fome

Em abril de 2012, foi assinada a Convenção relativa à Ajuda Alimentar, o primeiro acordo internacional juridicamente vinculativo sobre ajuda alimentar. O Consenso de Copenhaga, de maio de 2012, recomendou que os esforços para combater a fome e a subnutrição deveriam ser a principal prioridade dos políticos e dos filantropos do sector privado que procuram maximizar a eficácia das despesas com a ajuda. Esta prioridade foi colocada à frente de outras, como a luta contra a malária e a SIDA.

A principal política mundial para reduzir a fome e a pobreza são os Objectivos de Desenvolvimento Sustentável recentemente aprovados. Em particular, o Objetivo 2: "Fome Zero" estabelece metas acordadas a nível mundial para acabar com a fome, alcançar a segurança alimentar e melhorar a nutrição, e promover a agricultura sustentável até 2030. Várias organizações lançaram iniciativas com o objetivo mais ambicioso de alcançar este objetivo em apenas 10 anos, até 2025:

Em 2013, a Caritas Internacional lançou uma iniciativa à escala da Caritas para acabar com a fome sistémica até 2025. A campanha Uma Família Humana, Alimento para Todos centra-se na sensibilização, na melhoria do impacto dos programas da Caritas e na defesa da implementação do direito à alimentação.

A parceria Compact2025, liderada pelo IFPRI com a participação de organizações das Nações Unidas, ONG e fundações privadas, desenvolve e divulga conselhos baseados em provas aos decisores políticos e outros responsáveis pela tomada de

---

[79] *FAO (2011). The State of Food and Agriculture Women in agriculture: bridging the gender gap for development (PDF) (2010-11 ed.). Roma: FAO.*

[80] *FAO (2006). "Segurança alimentar (PDF). Nota informativa.*

decisões sobre a forma de erradicar a fome e a subnutrição nos próximos dez anos, até 2025. Baseia a sua afirmação de que é possível erradicar a fome até 2025 num relatório de Shenggen Fan e Paul Polman que analisou as experiências da China, do Vietname, do Brasil e da Tailândia e concluiu que era possível eliminar a fome e a subnutrição até 2025.[81]

Em junho de 2015, a União Europeia e a Fundação Bill & Melinda Gates lançaram uma parceria para combater a subnutrição, especialmente entre as crianças. O programa será inicialmente implementado no Bangladesh, Burundi, Etiópia, Quénia, Laos e Níger e ajudará estes países a melhorar a informação e a análise sobre nutrição para que possam desenvolver políticas nacionais de nutrição eficazes.[82]

A Organização das Nações Unidas para a Alimentação e a Agricultura (FAO) criou uma parceria que actuará no âmbito do CAADP da União Africana para erradicar a fome em África até 2025. Esta parceria inclui uma série de intervenções, nomeadamente o apoio à melhoria da produção alimentar, o reforço da proteção social e a integração do direito à alimentação na legislação nacional.[83]

Pela Agência dos EUA para o Desenvolvimento Internacional

A Agência dos Estados Unidos para o Desenvolvimento Internacional (USAID) está a propor uma série de medidas fundamentais para aumentar a produtividade agrícola, que, por sua vez, é essencial para aumentar os rendimentos rurais e reduzir a insegurança alimentar.[84] Estas medidas incluem

Estimular a ciência e a tecnologia agrícolas. Os actuais rendimentos agrícolas são insuficientes para alimentar populações em crescimento. A longo prazo, o aumento da produtividade agrícola é a força motriz do crescimento económico.

Garantir os direitos de propriedade e o acesso ao financiamento.

Reforço do capital humano através da educação e da melhoria da saúde.

Os mecanismos de prevenção e resolução de conflitos, a democracia e a governação baseadas nos princípios da responsabilidade e da transparência das instituições públicas e do Estado de direito são essenciais para reduzir a vulnerabilidade dos membros da sociedade.

Melhoria da produtividade agrícola para as populações rurais pobres

---

[81] Fan, Shenggen e Polman, Paul. 2014. Um ambicioso objetivo de desenvolvimento: eliminar a fome e a subnutrição até 2025. In Relatório sobre a Política Alimentar Mundial 2013. Marble, Andrew e Fritschel, Heidi, eds. Capítulo 2. Pp 15-28. Washington, D.C.: Instituto Internacional de Investigação sobre Política Alimentar (IFPRI).

[82] Comunicado de imprensa da Comissão Europeia. junho de 2015. UE lança nova parceria para combater a subnutrição com a Fundação Bill & Melinda Gates. Acedido em 1 de novembro de 2015

[83] FAO. 2015. Parceria renovada de África para erradicar a fome até 2025. Acedido em 1 de novembro de 2015.

[84] USAID - Segurança alimentar Arquivado 26 de outubro de 2004 no Máquina Wayback

Existem relações estreitas e directas entre a produtividade agrícola, a fome, a pobreza e a sustentabilidade. Três quartos das pessoas pobres do mundo vivem em zonas rurais e vivem da agricultura. A fome e a subnutrição infantil são mais elevadas nestas regiões do que nas zonas urbanas. Além disso, quanto maior for a proporção da população rural que obtém o seu rendimento exclusivamente da agricultura de subsistência (sem beneficiar de tecnologias a favor dos pobres ou do acesso aos mercados), maior será a incidência da subnutrição. Por conseguinte, as melhorias da produtividade agrícola dos pequenos agricultores beneficiarão principalmente as populações rurais pobres. Prevê-se que a procura de alimentos para consumo humano e animal duplique nos próximos 50 anos, à medida que a população mundial se aproxima dos nove mil milhões de habitantes. Para produzir alimentos suficientes, as pessoas terão de efetuar mudanças como o aumento da produtividade em áreas dependentes da agricultura de sequeiro, a melhoria da gestão da fertilidade dos solos, a expansão das áreas cultivadas, o investimento na irrigação, o comércio agrícola entre países e a redução da procura bruta de alimentos, influenciando os regimes alimentares e reduzindo as perdas pós-colheita.

De acordo com a Avaliação Global da Gestão da Água na Agricultura, um importante estudo realizado pelo Instituto Internacional de Gestão da Água (IWMI), uma gestão mais eficaz da água da chuva e da humidade do solo, bem como a utilização de irrigação suplementar e em pequena escala, são essenciais para ajudar o maior número de pessoas pobres. O IWMI apelou a uma nova era de investimentos e políticas no domínio da água para modernizar a agricultura de sequeiro, que vão para além do controlo do solo e da água a nível do campo, para fornecer novas fontes de água doce através de uma melhor gestão local da precipitação e do escoamento.[85] O aumento da produtividade agrícola permite aos agricultores produzir mais alimentos, o que conduz a melhores regimes alimentares e, em condições de mercado justas, a rendimentos agrícolas mais elevados. Com mais dinheiro, os agricultores estão mais inclinados a diversificar a sua produção e a cultivar produtos de maior valor, o que beneficia não só eles próprios mas também a economia em geral".[86]

Os investigadores sugerem a formação de uma aliança entre o programa alimentar de emergência e a agricultura apoiada pela comunidade, uma vez que os vales alimentares de alguns países não podem ser utilizados em mercados de agricultores e em locais onde os alimentos são menos transformados e cultivados localmente. A recolha de plantas silvestres parece ser um método de subsistência

[85] Molden, D. (Ed). *Water for food, water for life: A comprehensive assessment of water management in agriculture.* Earthscan/IWMI, 2007.

[86] *Joachim von Braun, M.S. Swaminathan, e Mark W. Rosegrant (2003). Rosegrant (2003) Agriculture, Food Security, Nutrition and the Millennium Development Goals: Annual Report Essay. IFPRI. Acedido em 11 de novembro de 2013.*

alternativo eficaz nos países tropicais, que pode desempenhar um papel na redução da pobreza.[87]

Produzir alimentos sem agricultura

David Denkenberger e Joshua Pearce propuseram, no livro Feeding EveryoneNo Matter What, uma variedade de alimentos alternativos que convertem combustíveis fósseis ou biomassa em alimentos sem luz solar, para fazer face a cenários de segurança alimentar bloqueados pela luz solar. A solução que utiliza uma fonte de combustível fóssil é uma bactéria que digere o gás natural. Um exemplo de um alimento alternativo a partir da biomassa é o facto de os fungos poderem crescer diretamente na madeira sem luz solar.[88] Outro exemplo é o facto de a produção de biocombustíveis celulósicos já gerar açúcar como produto intermédio.

Armazenamento de alimentos em grande escala

O armazenamento mínimo anual de trigo no mundo é de cerca de dois meses.[89] Para fazer face aos graves problemas de segurança alimentar causados por riscos catastróficos globais, foi proposto armazenar alimentos durante anos. Embora esta medida possa melhorar os problemas de menor escala, como os conflitos regionais e a seca, agravaria a atual insegurança alimentar através do aumento dos preços dos alimentos.

Seguro agrícola

O seguro é um instrumento financeiro que permite que as pessoas expostas juntem os seus recursos para repartir os seus riscos. Para tal, pagam um prémio a um fundo de seguros que compensará aqueles que sofrerem uma perda segurada. Este procedimento reduz o risco de um indivíduo, distribuindo-o entre os muitos contribuintes do fundo. Os seguros podem ser concebidos para proteger muitos tipos de indivíduos e bens contra riscos únicos ou múltiplos e para proteger os segurados contra uma perda súbita e dramática de rendimentos ou bens.

O seguro de colheitas é subscrito pelos produtores agrícolas para se protegerem contra a perda das suas colheitas em consequência de catástrofes naturais. [90]Existem dois tipos de seguro: (1) seguro baseado em indemnizações e (2) seguro baseado em índices.

---

[87] *Claudio O. Delang (2006). "O papel das plantas alimentares silvestres na redução da pobreza e na conservação da biodiversidade nos países tropicais". Progress in Development Studies* ***6*** *(4): 275--286.*

[88] Hazeltine, B. & Bull, C. 2003 *Guia de Campo para a Tecnologia Apropriada*. São Francisco: Academic Press.

[89] Thien Do, Kim Anderson, B. Wade Brorsen. "Fornecimento mundial de trigo". *Serviço de Extensão Cooperativa de Oklahoma.*

[90] Jan de Leeuw , Anton Vrieling, Apurba Shee, Clement Atzberger, Kiros M. Hadgu, Chandrashekhar M. Biradar, Humphrey Keah, e Calum Turvey (2014): O potencial e o uso de sensoriamento remoto em seguros: uma revisão - Remote Sens. 2014, 6(11), 10888-10912

seguro. Nos países pobres que enfrentam problemas de segurança alimentar, os seguros baseados em índices oferecem vantagens interessantes: 1) os índices podem ser obtidos a partir de imagens de satélite disponíveis a nível mundial que se correlacionam com o que está a ser segurado; 2) estes índices podem ser fornecidos a baixo custo; e 3) os produtos de seguros abrem novos mercados que não são servidos por seguros baseados em sinistros.

A vantagem do seguro baseado em índices é o facto de poder ser potencialmente fornecido a um custo mais baixo. Um dos principais obstáculos à adoção de seguros baseados em sinistros são os elevados custos de transação associados à procura de potenciais segurados, à negociação e gestão de contratos, à verificação de perdas e à determinação de pagamentos. O seguro de índice elimina a fase de verificação das perdas, reduzindo assim um custo de transação significativo. Uma segunda vantagem do seguro de índice é que, uma vez que paga uma indemnização com base na leitura de um índice e não em perdas individuais, elimina grande parte da fraude, do risco moral e da seleção adversa que são comuns nos seguros tradicionais baseados em sinistros. Outra vantagem do seguro de índice é que os pagamentos baseados num índice normalizado e indiscutível também permitem um pagamento rápido da indemnização. Os pagamentos de indemnizações podem ser automatizados, reduzindo ainda mais os custos de transação.

O risco básico é um dos principais inconvenientes dos seguros baseados em índices. É a situação em que um indivíduo sofre uma perda sem receber um pagamento ou vice-versa. O risco de base é o resultado direto da força da relação entre o índice que estima a perda média do grupo segurado e a perda dos activos segurados por um indivíduo. Quanto mais fraca for esta relação, mais elevado será o risco de base. É evidente que um risco de base elevado prejudica a vontade dos potenciais clientes de subscreverem um seguro. Por conseguinte, as companhias de seguros devem conceber as apólices de seguro de forma a minimizar o risco de base.

5. SEGURANÇA ALIMENTAR EM ÁFRICA

Causas da insegurança alimentar em África e noutros países do Terceiro Mundo[91]

A maioria das crises alimentares mais graves que ocorreram após a segunda metade do século XX foi causada por uma combinação de vários factores. As causas mais comuns de insegurança alimentar nos países africanos e do Terceiro Mundo são as seguintes

Seca e outros fenómenos meteorológicos extremos. Uma comparação das crises alimentares mais graves da história recente revela que todas foram precedidas de seca ou de outros fenómenos meteorológicos extremos. Estes acontecimentos conduziram a colheitas fracas ou a quebras de colheitas, o que, por sua vez, levou à escassez de alimentos e a preços elevados dos géneros alimentícios disponíveis.

Pragas, doenças do gado e outros problemas agrícolas. Para além dos fenómenos meteorológicos extremos, muitas quebras de colheitas em África e noutros países do Terceiro Mundo foram também causadas por pragas como os gafanhotos. As doenças do gado e outros problemas agrícolas, como a erosão, a infertilidade dos solos, etc., também desempenham um papel na insegurança alimentar.

Alterações climáticas. Alguns peritos consideram que a seca e as condições meteorológicas extremas em regiões afectadas por crises alimentares nas últimas décadas podem ser o resultado das alterações climáticas, em especial na África Ocidental e Oriental, que registam problemas recorrentes de seca extrema.

Conflitos militares. As guerras e os conflitos militares agravam a insegurança alimentar nos países africanos e do Terceiro Mundo. Podem não ser diretamente responsáveis pelas crises alimentares, mas agravam a escassez de alimentos e impedem frequentemente os trabalhadores humanitários de chegar às pessoas mais afectadas.

Falta de planos de emergência. A história das crises alimentares mais graves mostra que muitos países não estavam de todo preparados para uma crise e não conseguiram resolver a situação sem ajuda internacional.

Corrupção e instabilidade política. Apesar das críticas recentes, a comunidade

---

[91] http://www.harvesthelp.org.uk/causes-of-food-insecurity-in-african-and-other-third-world-país.html

internacional sempre enviou ajuda sob a forma de alimentos e outros fornecimentos, o que salvou milhões de vidas nas regiões afectadas. No entanto, a ajuda internacional não conseguiu muitas vezes chegar às populações mais vulneráveis devido aos elevados níveis de corrupção e instabilidade política em muitos países do terceiro mundo.

Dependência das culturas de rendimento. Muitos governos em África e no Terceiro Mundo incentivam a produção das chamadas culturas de rendimento, cujas receitas são utilizadas para importar alimentos. Como resultado, os países que dependem das culturas de rendimento correm um risco elevado de crises alimentares, uma vez que não produzem alimentos suficientes para alimentar as suas populações.

SIDA. A SIDA é um grave problema de saúde pública na África Subsariana e agrava a insegurança alimentar de duas formas. Em primeiro lugar, reduz a mão de obra disponível para a agricultura e, em segundo lugar, coloca um fardo adicional sobre as famílias pobres.

Crescimento rápido da população. Os países pobres de África e do Terceiro Mundo têm a taxa de crescimento mais elevada do mundo, o que os expõe a um risco acrescido de crises alimentares. Por exemplo, a população do Níger passou de 2,5 milhões para 15 milhões entre 1950 e 2010. De acordo com algumas estimativas, a África só produzirá alimentos suficientes para um quarto da sua população em 2025 se as actuais taxas de crescimento se mantiverem.

Reforçar a segurança alimentar nacional e regional: aumentar a disponibilidade de alimentos e reduzir a fome

[92]Cerca de um terço da população da África Subsariana sofre de fome crónica. Enquanto esta situação se mantiver, é pouco provável que a região consiga atingir as elevadas taxas de crescimento económico a que a Nova Parceria para o Desenvolvimento de África (NEPAD) aspira, e com razão. O direito de cada pessoa a ter acesso a uma alimentação adequada é reconhecido pelo direito internacional e a erradicação da fome é um imperativo moral. Mas a erradicação da fome também faz sentido do ponto de vista económico, porque enquanto as pessoas estiverem subnutridas, não podem realizar todo o seu potencial: continuam propensas a contrair doenças, a sua capacidade de aprender fica comprometida e a sua capacidade de trabalho produtivo é reduzida. [93]A falta de saúde devido à fome

[92] FAO. 2001. Estado da Insegurança Alimentar no Mundo (SOFI).
[93] FAO. 2001. Economic and Social Development Paper No. 147, Roma. Undernourishment and economic growth: the efficiency cost of hunger, por J.L. Arcand.

crónica reduziu gravemente a produtividade em África e um estudo recente mostrou que o PIB per capita poderia ter sido reduzido para metade do seu potencial se a subnutrição tivesse sido eliminada .

As pessoas com fome são os mais pobres dos pobres, pelo que a redução da fome deve ser um dos primeiros passos para alcançar o Objetivo de Desenvolvimento do Milénio de reduzir a pobreza para metade até 2015, que é tomado como ponto de referência para a NEPAD. Todos os Estados africanos subscreveram o compromisso global assumido na Cimeira Mundial da Alimentação (CMA) de 1996 de reduzir para metade o número de pessoas que sofrem de fome até 2015. A presença de um grande número de pessoas pobres e famintas, marginalizadas da força de trabalho e dos mercados, constitui não só um travão ao crescimento económico e ao desenvolvimento, mas também, se não for controlada, um terreno fértil para a instabilidade social e os conflitos.

A NEPAD atribui grande prioridade à agricultura e à segurança alimentar. Este capítulo analisa brevemente o estado atual da segurança alimentar no continente e a medida em que foram feitos progressos para alcançar os objectivos da Cimeira Mundial da Alimentação. Em seguida, discute a necessidade, como parte da procura de maior segurança alimentar e redução da pobreza, de programas comunitários de grande escala para melhorar o desempenho dos pequenos agricultores em todo o continente. Ao examinar as implicações de tais programas, baseia-se no exemplo do Programa Especial para a Segurança Alimentar da FAO (SPFS) como uma abordagem para alcançar a segurança alimentar sustentável. O capítulo examina em seguida como o reforço das acções baseadas nos conceitos do SPFS poderia contribuir para a realização dos objectivos da NEPAD a nível nacional e regional. São também apresentadas estimativas preliminares do custo de um programa deste tipo.

O capítulo centra-se igualmente no papel dos pequenos agricultores na melhoria da segurança alimentar das famílias e do país, sem implicar que as grandes explorações agrícolas não tenham lugar no futuro desenvolvimento agrícola de África. Embora este tipo de desenvolvimento, geralmente conduzido pelo sector privado, possa dar um contributo importante para o crescimento económico, tende a ter menos ligações com a economia rural e, por conseguinte, um efeito multiplicador menor do que o desenvolvimento conduzido pelos pequenos proprietários.

[94]Embora o aumento da produção dos pequenos agricultores e dos

[94] Estratégias do FIDA para a redução da pobreza rural (distintas para as três regiões do FIDA em África) http://www.ifad.org/operations/regional/2002/ Houve alguns êxitos, mas este investimento, mesmo com financiamento de contrapartida, continua a ser limitado: se a população de África for estimada em 700 milhões, em média, o investimento foi de 5,00 USD per capita, e se a população for estimada em 600 milhões, em média, foi de 5,83 USD per capita. Isto equivale

agricultores marginais possa ter um impacto significativo na fome e na pobreza, deve ser complementado por medidas destinadas a alargar o acesso aos alimentos, através de uma combinação de medidas redistributivas adoptadas no seio das famílias e das comunidades mais vastas e de redes de segurança alimentar apoiadas pelos governos com objectivos precisos.

O que é claro é que o ataque maciço à pobreza rural e à fome que é necessário oferece muitas oportunidades para parcerias entre as próprias instituições africanas, bem como entre África e a comunidade internacional. Na medida em que os governos decidam adotar a abordagem pioneira do SPFS, isso também depende de parcerias entre os governos e a sociedade civil, incluindo a participação efectiva das comunidades rurais.

Insegurança alimentar em África

No entanto, também é possível ver este défice alimentar como uma enorme oportunidade. A existência de défices tão grandes representa um mercado potencial para os pequenos agricultores, entre os quais se concentram a pobreza e a fome, que podem aumentar a sua produção e melhorar os seus meios de subsistência, permitindo aos países reduzir a sua dependência das importações. No entanto, para que tal aconteça num contexto de crescente liberalização dos mercados internacionais, a agricultura da região deve tornar-se mais competitiva e devem ser adoptadas medidas para alargar o acesso aos alimentos através de redes de segurança para as famílias que não conseguem satisfazer as suas necessidades alimentares apenas através do mercado.

O aumento da produtividade e da produção no sector agrícola depende das decisões de milhões de agregados familiares em todo o continente e, nessa situação, o papel dos governos deve ser o de proporcionar uma política económica e um quadro jurídico e institucional que conduza ao crescimento agrícola, incluindo o bom funcionamento dos mercados de factores e de produtos. Com um tal enquadramento, os próprios agricultores podem contribuir de forma considerável para o investimento necessário para aumentar a produção. Cerca de 70% da população africana vive em zonas rurais e existem oportunidades para aumentar a produção agrícola, pecuária, piscatória e florestal e melhorar os meios de subsistência nas zonas rurais.

A melhoria do desempenho do sector agrícola começará a partir de uma base baixa. Atualmente, a África está atrasada em relação a todas as outras regiões em termos de produtividade agrícola. Por exemplo, em 2001, o rendimento médio dos cereais em África foi de 1 230 kg/ha, em comparação com 3 090 kg/ha na Ásia, 3 040 kg/ha na América Latina e 5 470 kg/ha na União Europeia. Isto reflecte a utilização limitada da irrigação acima referida, mas também de factores de produção

---

a 0,20 - 0,23 dólares per capita por ano.

que aumentam o rendimento, como os fertilizantes e as sementes de variedades melhoradas. Existe uma forte relação positiva entre o nível de utilização de fertilizantes e o rendimento dos cereais, desde que sejam mantidos níveis adequados de matéria orgânica no solo. A utilização de fertilizantes é de cerca de 19 kg/ha por ano, em comparação com 100 kg/ha na Ásia Oriental e 230 kg/ha na Europa Ocidental. No que se refere à utilização de tecnologia, poucos agricultores aplicam ainda métodos de gestão integrada de pragas ou qualquer outra forma de controlo de pragas.

Não existe um registo sistemático da utilização de sementes melhoradas, mas parece que cerca de 20% da área cultivada em África, na América do Sul e na América Central é semeada com novas variedades, enquanto o restante é semeado com variedades tradicionais. No que se refere à pecuária, enquanto a Ásia utiliza cerca de 50% do valor do mercado mundial de produtos de saúde animal, incluindo vacinas, a África reclama menos de 3%. Os grupos nómadas dominam o sector da pecuária, o que torna os serviços difíceis e dispendiosos. Do mesmo modo, a aquicultura e a pesca em pequena escala estão subdesenvolvidas em relação ao seu potencial na maioria dos países do continente.

Além disso, a África continua a enfrentar o problema de elevadas perdas pós-colheita devido à falta de instalações de armazenamento, de transformação e de outros tratamentos a preços acessíveis, bem como de ligações fracas com os mercados. Consequentemente, a disponibilidade líquida de alimentos provenientes de uma produção já limitada é ainda mais reduzida.

Estratégias para reduzir a insegurança alimentar[95]

Está a emergir um consenso: (a) o crescimento económico é essencial para a redução sustentável da pobreza, desde que sejam criados mecanismos socialmente aceitáveis de redistribuição dos recursos para combater a pobreza, (b) enquanto houver um grande número de pessoas com fome, a procura do crescimento económico continuará a ser ilusória, e (c) na maioria das economias em desenvolvimento, o crescimento agrícola tem um impacto positivo maior na redução da pobreza e da fome nas zonas rurais e urbanas do que o crescimento noutros sectores, devido aos seus efeitos multiplicadores potencialmente grandes devido a numerosas ligações para trás e para a frente. Num continente em que recursos significativos para o desenvolvimento, provenientes de fontes locais e

---

[95] Estratégias do FIDA para a redução da pobreza rural (distintas para as três regiões do FIDA em África) http://www.ifad.org/operations/regional/2002/ Houve alguns êxitos, mas este investimento, mesmo com financiamento de contrapartida, continua a ser limitado: se a população de África for estimada em 700 milhões, em média, o investimento foi de 5,00 USD per capita, e se a população for estimada em 600 milhões, em média, foi de 5,83 USD per capita. Isto equivale a 0,20 - 0,23 dólares per capita por ano.

externas, são frequentemente desviados para satisfazer necessidades alimentares de emergência, um dos elementos da estratégia deve consistir em dar resposta a situações de emergência. Ao mesmo tempo, as intervenções devem promover uma maior produtividade.

Um programa global de desenvolvimento agrícola em África deve procurar satisfazer as necessidades alimentares dos grupos vulneráveis que não podem beneficiar imediatamente dos programas gerais de desenvolvimento agrícola. Estes incluem não só as vítimas de crises alimentares (mencionadas na secção anterior), mas também grupos particularmente vulneráveis (mulheres grávidas, crianças e deficientes) entre as pessoas com fome crónica. A maior parte dos países desenvolvidos e alguns países em desenvolvimento, nomeadamente no Sul da Ásia e na América Latina, criaram sistemas de proteção social para prestar assistência alimentar e/ou financeira mais sistemática a estes grupos vulneráveis. Esta assistência pode assumir a forma de programas directos de alimentação (como os programas individuais de alimentação escolar), de alimentos para o trabalho (para ajudar os necessitados enquanto se desenvolvem infra-estruturas úteis, como sistemas de irrigação, estradas, etc.) ou de programas de transferência de dinheiro (para ajudar as famílias mais pobres). Nalguns casos, são utilizados programas de transferência de rendimentos, tais como vales de alimentação, rações subsidiadas, etc., para aumentar o poder de compra das famílias visadas. Podem também ser lançados programas integrados mais abrangentes, que combinem vários destes elementos.

Estes tipos de mecanismos de proteção social são essenciais para os pobres famintos de África, mas estão atualmente relativamente subdesenvolvidos no continente. É importante que os investimentos iniciais nestes programas de redes de segurança se baseiem nas capacidades nacionais existentes, enquanto as capacidades a longo prazo noutras componentes de um sistema de redes de segurança eficaz são desenvolvidas ao longo do tempo. A alimentação escolar é um exemplo desta abordagem. Todos os países africanos têm um sistema de ensino primário com uma cobertura alargada, se não universal, que pode servir de plataforma para um sistema de rede de segurança alimentar para crianças em idade escolar. O PAM propôs que este sistema fosse consideravelmente desenvolvido no âmbito da NEPAD; com o tempo, deveriam também ser desenvolvidas capacidades semelhantes para a alimentação materno-infantil e outras componentes de um sistema de rede de segurança social.

Programas para aumentar a segurança alimentar através da produção[96]

Reconhece-se igualmente que a expansão da agricultura, nomeadamente através do aumento da produção de alimentos de base pelos pequenos agricultores, pode contribuir significativamente para reduzir a incidência da subnutrição, aumentando a disponibilidade local de alimentos, em especial entre as famílias pobres. Mas a produção de produtos agrícolas não alimentares pelos pequenos agricultores para os mercados interno e de exportação também pode ter um impacto positivo na pobreza rural, aumentando os rendimentos agrícolas e alargando as oportunidades de emprego. No entanto, os progressos rápidos no sentido da erradicação da fome exigem medidas complementares específicas para alargar o acesso aos alimentos por parte das pessoas que não conseguem satisfazer as suas necessidades alimentares através da sua própria produção ou que não têm meios para os comprar.

Um programa que procure aumentar e estabilizar a produção alimentar e os rendimentos numa base ampla e sustentável, através da intensificação e da diversificação da produção, bem como de acções destinadas a reduzir os riscos climáticos e outros riscos ambientais e económicos, contribuirá significativamente para a segurança alimentar e a redução da pobreza. A realização deste duplo objetivo exigirá uma análise aprofundada e a resolução dos condicionalismos económicos, sociais, institucionais e jurídicos existentes a nível local e nacional. A execução bem sucedida de um programa deste tipo exige uma divisão clara das tarefas e das responsabilidades entre as partes interessadas. Isto também ajudará a determinar o nível de esforço que os vários parceiros - governo, sector privado, agricultores e parceiros de desenvolvimento - terão de mobilizar.

África e o SPFS

Os Estados membros da FAO adoptaram o SPFS em reconhecimento da necessidade de um programa que capacite as comunidades rurais pobres a aumentar a produção agrícola e os rendimentos e a melhorar a segurança alimentar local. É descrito brevemente a seguir como um exemplo do tipo de abordagem que deve ser um elemento central de qualquer programa para atingir o objetivo da Cimeira Mundial da Alimentação de reduzir para metade o número de pessoas subnutridas até 2015.

O SPFS foi lançado em 1994 e a Cimeira Mundial da Alimentação aprovou o conceito do programa em novembro de 1996. O objetivo global do SPFS é ajudar os

[96] Estratégias do FIDA para a redução da pobreza rural (distintas para as três regiões do FIDA em África) http://www.ifad.org/operations/regional/2002/ Houve alguns êxitos, mas este investimento, mesmo com financiamento de contrapartida, continua a ser limitado: se a população de África for estimada em 700 milhões, em média, o investimento foi de 5,00 USD per capita, e se a população for estimada em 600 milhões, em média, foi de 5,83 USD per capita. Isto equivale a 0,20 - 0,23 dólares per capita por ano.

países em desenvolvimento, em especial os países de baixo rendimento e com défice alimentar (LIFDC), a melhorar a segurança alimentar das famílias e dos países numa base economicamente sã e ambientalmente sustentável, mantendo simultaneamente o objetivo de melhorar a equidade social e os meios de subsistência das mulheres e das famílias pobres. O seu principal objetivo consiste em proporcionar a grupos de pequenos agricultores os meios para aumentarem rapidamente a sua produtividade e reduzirem as variações anuais da produção, contribuindo assim para melhorar o acesso geral das suas famílias, comunidades e mercados locais aos alimentos.

Formulado e implementado sob a liderança do país, o SPFS destina-se a ser parte integrante das estratégias nacionais de segurança alimentar adoptadas por muitos países na sequência da Cimeira Mundial da Alimentação. Até à data, o SPFS está operacional em 68 países, incluindo 38 em África; foi formulado ou está a ser formulado em 16 outros países, incluindo 6 em África.

O SPFS é um programa flexível que responde às oportunidades locais e adopta processos de aprendizagem e reorientação progressivos e iterativos. Não utiliza o quadro da FAO como modelo, mas baseia-se nele e na experiência acumulada pela FAO. A nível nacional, o SPFS pertence ao país em causa, é adaptado às suas realidades e integrado nas suas estratégias. A apropriação é evidenciada pelos consideráveis investimentos em espécie e em numerário efectuados pelos países em desenvolvimento, alguns dos quais criaram importantes fundos fiduciários a partir dos seus próprios recursos. As contribuições voluntárias dos doadores também foram significativas e a FAO actuou frequentemente como intermediária na conclusão de acordos de colaboração entre países em desenvolvimento e países desenvolvidos.

O SPFS é implementado por fases, começando com actividades-piloto num pequeno número de locais (fase I), que são gradualmente alargadas para ganhar experiência-piloto em todas as principais zonas agro-ecológicas de um país (extensão da fase I). Com base nesta experiência e na de outros programas e projectos relevantes, os governos são convidados a tomar a iniciativa de formular e lançar um programa de segurança alimentar a nível nacional (fase II).

A Fase I envolve o envolvimento de grupos auto-seleccionados de pequenos agricultores num número limitado de locais. À medida que a experiência é adquirida e as boas práticas são desenvolvidas, estas são depois reproduzidas num número crescente de sítios. Dependendo das necessidades e oportunidades identificadas a nível local, esta primeira fase consiste geralmente em quatro elementos complementares que tocam a maioria dos aspectos do desenvolvimento agrícola, nomeadamente :

Gestão da água e do solo: medidas destinadas a remediar as limitações e os

excessos de humidade através de métodos de irrigação, recolha de água e drenagem de baixo custo, e através de sistemas de gestão das terras que melhorem as condições físicas, químicas e biológicas dos solos e evitem a sua erosão.
Aumento da produtividade: acções destinadas a aumentar de forma sustentável a produtividade da terra ou do trabalho, incluindo variedades melhoradas adaptadas às condições locais, sistemas integrados de gestão dos nutrientes das plantas e das pragas (com uma dependência mínima de factores de produção comprados) e tecnologias pós-colheita melhoradas.

Diversificação das explorações agrícolas: medidas destinadas a melhorar a nutrição e o rendimento das famílias e a proteger contra os riscos, concentrando-se inicialmente na pecuária de ciclo curto (galinhas, ovelhas, cabras, coelhos, abelhas, etc.), com ênfase na prevenção de doenças e na melhoria da nutrição animal: sempre que adequado, é também dado apoio à pesca e à aquicultura em pequena escala. A caixa 9 refere-se a meios de subsistência não agrícolas que podem complementar significativamente o rendimento agrícola; a caixa 10 destaca questões específicas da pesca e da silvicultura.

Estudo participativo dos condicionalismos socioeconómicos que limitam a rentabilidade das explorações e a segurança alimentar, impedem a emergência de uma maior equidade social e dificultam a aplicação do programa em maior escala. Este processo, combinado com estudos participativos de avaliação do desempenho, contribui para o acompanhamento e a avaliação do impacto do programa, favorece a identificação de soluções autónomas e contribui para a formulação e o ajustamento da segunda fase do programa, bem como das estratégias nacionais.

Facilitar o comércio

A facilitação do comércio e o acesso ao mercado deverão contribuir para reduzir a variabilidade do abastecimento alimentar e aumentar as oportunidades de geração de rendimentos através de um maior comércio. Estas medidas de facilitação do comércio contribuiriam para a especialização local e nacional através de uma maior concorrência e permitiriam uma melhor expressão da vantagem comparativa de cada um dos países membros dos agrupamentos regionais. As actividades da PRSA abordarão os obstáculos sanitários e fitossanitários e os obstáculos técnicos ao comércio, incentivarão a adoção das normas internacionais *do Codex Alimentarius* e procurarão reduzir e harmonizar os direitos aduaneiros. Serão incorporadas medidas específicas para beneficiar, em especial, os pequenos agricultores e os sectores vulneráveis da população. Em certa medida, isto implica uma nova dimensão para as questões comerciais.

As actividades específicas de facilitação do comércio a empreender incluem:

programas de desenvolvimento de produtos de base; medidas transitórias em resposta à liberalização do comércio em curso; medidas compensatórias em resposta às tendências emergentes nos mercados mundiais de produtos de base e no ambiente comercial. Estas actividades visam reforçar a capacidade de cada Estado-Membro do grupo para participar no processo de globalização, a fim de garantir a segurança alimentar, aumentar as oportunidades de comércio agrícola para abastecer os mercados interno e externo e facilitar a integração dos pequenos agricultores no novo ambiente económico.

Harmonização das políticas agrícolas

As políticas alimentares e agrícolas abrangentes a nível nacional e os quadros políticos estratégicos a nível regional são essenciais para garantir a segurança alimentar e um desenvolvimento rural harmonioso. Na maioria dos casos, as PRSA ajudariam os países membros a definir melhor as linhas prioritárias dos planos de ação regionais para benefício mútuo, com base em vantagens comparativas e na identificação de questões políticas cujo êxito num país depende da colaboração e do apoio de outros. Contribuiriam igualmente para a harmonização das políticas relativas a questões transfronteiriças, como as doenças e as pragas, ou que afectam a utilização sustentável dos recursos naturais transfronteiriços (como a água e as pescas), bem como para a mobilização de recursos destinados a fazer face às limitações regionais em matéria de segurança alimentar, agricultura e desenvolvimento rural.

Apoio aos programas nacionais de segurança alimentar para aumentar a produção e a produtividade

Os esforços nacionais para melhorar os programas regionais são reforçados pela abordagem das questões regionais de uma forma que aumente a capacidade dos pequenos países de beneficiarem da força de um grupo, de realizarem economias de escala através do comércio intragrupo e de promoverem a colaboração em domínios relacionados com a segurança alimentar, a agricultura e o desenvolvimento rural.

A implementação completa da RPFS a uma escala que poderia ajudar a reduzir o número de pessoas subnutridas para cerca de metade exigiria cerca de mil milhões de dólares de 9 agrupamentos regionais em África durante os próximos 13 anos.

Os pormenores relativos às necessidades anuais de recursos são apresentados no quadro 7 do anexo. Na Conferência Regional da FAO para África, realizada em fevereiro de 2002 no Cairo, Egipto, os Estados membros da ORP participantes acordaram em mobilizar recursos para a execução da RPFS no âmbito da NEPAD.

A NEPAD e a melhoria da segurança alimentar[97]

O quadro da NEPAD oferece a África uma abordagem potencialmente eficaz para atingir o objetivo da Cimeira Mundial da Alimentação de reduzir para metade o número de pessoas subnutridas até 2015. No entanto, para atingir este objetivo, serão necessários programas audaciosos e ambiciosos, a curto prazo, insistindo para que a África tenha cada vez mais capacidade para se preparar e responder a situações de emergência alimentar e agrícola resultantes de catástrofes e, simultaneamente, comprometendo-se a realizar investimentos a mais longo prazo na segurança alimentar, associados a estratégias nacionais de redução da pobreza. Estas últimas devem dar grande prioridade ao desenvolvimento agrícola e rural. As ORP de África continuarão, sem dúvida, a cooperar com os doadores e as instituições internacionais nos seus esforços para ajudar África a atingir os seus objectivos de segurança alimentar.

A parceria é a chave do sucesso: a NEPAD deve incentivar as parcerias em África e entre África e a comunidade internacional para apoiar os programas de segurança alimentar. Nos países, os governos, o sector privado comercial e a sociedade civil (incluindo as organizações de base comunitária) devem encontrar formas eficazes e mutuamente benéficas de trabalhar em conjunto. A nível internacional, são necessárias parcerias semelhantes, envolvendo agências de financiamento e de assistência técnica, fontes de financiamento dos sectores público e privado, parceiros bilaterais e multilaterais. As parcerias devem mobilizar energia com base num compromisso a longo prazo: a insegurança alimentar em África não será resolvida numa estação, nem através de soluções fragmentadas em projectos de enclave que operem fora de quadros sustentáveis.

A NEPAD pode considerar importante recorrer a parcerias para levar a cabo as seguintes acções, a realizar com a plena participação de uma série de instituições parceiras africanas e internacionais:

- cooperação em matéria de planeamento e de reforço das capacidades de preparação e de resposta aos problemas alimentares e agrícolas resultantes de catástrofes;
- ajudar os governos a atualizar as estratégias alimentares e agrícolas nacionais, ligando-as às estratégias nacionais de redução da pobreza;
- ajudar os governos a criar um ambiente político, jurídico e institucional propício à

[97] Estratégias do FIDA para a redução da pobreza rural (distintas para as três regiões do FIDA em África) http://www.ifad.org/operations/regional/2002/ Houve alguns êxitos, mas este investimento, mesmo com financiamento de contrapartida, continua a ser limitado: se a população de África for estimada em 700 milhões, em média, o investimento foi de 5,00 USD per capita, e se a população for estimada em 600 milhões, em média, foi de 5,83 USD per capita. Isto equivale a 0,20 - 0,23 dólares per capita por ano.

luta contra a insegurança alimentar;

- apoio aos governos e aos organismos regionais para que reforcem os sistemas de alerta rápido e a informação sobre a insegurança alimentar, a fim de melhorar a seleção dos alvos;
- Uma expansão gradual dos programas de segurança alimentar nos países participantes, permitindo-lhes envolver um número crescente de comunidades rurais e periurbanas no aumento da produção agrícola e na melhoria da sua segurança alimentar;
- assistência aos países e às ORP na identificação e preparação de programas de investimento específicos por país para o desenvolvimento agrícola e rural, incluindo a melhoria da segurança alimentar, em conformidade com as estratégias nacionais e regionais actualizadas para a alimentação e a agricultura;
    - contribuir para a mobilização dos recursos necessários ;
- Alargamento do apoio técnico aos organismos regionais para reforçar a sua capacidade de abordar as dimensões regionais da insegurança alimentar e aplicar a RPFS;
- ajudar os países membros a desenvolver e aplicar programas proactivos para apoiar o desenvolvimento do espírito empresarial entre os pequenos agricultores e a emergência de um sector privado local que possa assumir a maior parte das actividades a montante e a jusante relevantes para o desenvolvimento agrícola.

6. AGRICULTURA SUSTENTÁVEL

A expressão foi inventada pelo agrónomo australiano Gordon McClymont.[98][99] Wes Jackson publicou a expressão pela primeira vez no seu livro *New Roots for Agriculture (*1980)".

A agricultura sustentável pode ser vista como uma abordagem ecossistémica da agricultura. As práticas que podem causar danos ao solo a longo prazo incluem a lavoura excessiva (que conduz à erosão) e a irrigação sem drenagem adequada (que conduz à salinização). As experiências a longo prazo forneceram alguns dos melhores dados sobre a forma como as diferentes práticas afectam as propriedades do solo, que são essenciais para a sustentabilidade. Nos Estados Unidos, uma agência federal, o USDA-Natural Resources Conservation Service, é especializada na prestação de assistência técnica e financeira aos interessados na conservação dos recursos naturais e na agricultura de produção como objectivos compatíveis.[100] "A agricultura sustentável é uma filosofia baseada em objectivos humanos e na compreensão do impacto a longo prazo das nossas actividades no ambiente e noutras espécies. Esta filosofia orienta-nos na aplicação da nossa experiência anterior e dos mais recentes avanços científicos para criar sistemas agrícolas integrados, respeitadores dos recursos e equitativos. Estes sistemas reduzem a degradação ambiental, mantêm a produtividade agrícola, promovem a viabilidade económica a curto e longo prazo e preservam a estabilidade das comunidades rurais e a qualidade de vida". [Charles Francis e Garth Youngberg, "Sustainable Agriculture - An Overview", em *Sustainable Agriculture in Temperate Zones,* editado por C.A. Francis, C.B. Flora e L.D. King (Nova Iorque: Wiley, 1990), p.8. NAL Call # S494.5.S86S87]

"A agricultura sustentável não significa um regresso aos baixos rendimentos ou aos agricultores pobres que caracterizaram o século XIX. Pelo contrário, a sustentabilidade baseia-se nas actuais conquistas agrícolas, adoptando uma abordagem sofisticada que pode manter elevados rendimentos e lucros agrícolas sem comprometer os recursos dos quais a agricultura depende." ["Frequently Asked

[98] Associação dos Diplomados em Ciências Rurais "In Memorium - Antigos Funcionários e Estudantes de Ciências Rurais da UNE". Universidade de Nova Inglaterra. Acedido em 21 de outubro de 2012.

[99] Wes Jackson, *Novas raízes para a agricultura*. Prefácio de Wendell Berry. Imprensa da Universidade de Nebraska

[100] Gold, M. (julho de 2009). O que é a agricultura sustentável? Departamento de Agricultura dos Estados Unidos, Centro de Informação de Sistemas Agrícolas Alternativos.

Questions About Sustainable Agriculture," in *Sustainable Agriculture A New Vision* (Union of Concerned

Scientists, 1999). Disponível no sítio Web da UCS: http://www.ucsusa.org/food_and_environment/sustainable_food/questions -about-sustainable-agriculture.html (8/23/07)]
"Uma abordagem sistémica é essencial para compreender a sustentabilidade. O sistema é considerado no seu sentido mais lato, desde a exploração agrícola individual ao ecossistema local, às comunidades afectadas por esse sistema agrícola, tanto a nível local como global... Uma abordagem sistémica dá-nos as ferramentas para explorar as interconexões entre a agricultura e outros aspectos do nosso ambiente". [Programa de Investigação e Educação sobre Agricultura Sustentável da Universidade da Califórnia (SAREP), What is *Sustainable Agriculture* (SAREP, 1998). Disponível no sítio Web do SAREP: http://www.sarep.ucdavis.edu/concept.htm(8/23/07)]

"A sustentabilidade ambiental envolve os seguintes elementos:
satisfazer as necessidades básicas de todas as pessoas e dar-lhes prioridade em relação à satisfação das necessidades de alguns manter a densidade populacional, sempre que possível, abaixo da capacidade de carga da região adaptar os padrões de consumo e a conceção e gestão dos sistemas para permitir a renovação dos recursos renováveis conservar, reciclar e dar prioridade à utilização dos recursos não renováveis manter o impacto ambiental abaixo do nível necessário para permitir que os sistemas em causa recuperem e continuem a evoluir.

A agricultura sustentável é "uma forma de agricultura que procura otimizar as competências e a tecnologia para garantir a estabilidade a longo prazo da atividade agrícola, a proteção do ambiente e a segurança dos consumidores. É conseguida através de estratégias de gestão que ajudam o produtor a selecionar híbridos e variedades, práticas de lavoura de conservação, programas de fertilidade do solo e programas de gestão de pragas. O objetivo da agricultura sustentável é minimizar os impactos negativos no ambiente imediato e externo da exploração, assegurando simultaneamente um nível sustentado de produção e de lucro. A boa conservação dos recursos é parte integrante da consecução de uma agricultura sustentável".[101]

---

[101] *Manual Geral do Serviço de Conservação dos Recursos Naturais (NRCS) do USDA (180-*
GM, parte 407). Disponível no seguinte endereço USDA
Sítio Web: http://www.info.usda.gov/default.aspx?l=176 Selecionar Título 180; Parte 407 -

"Atualmente, as práticas agrícolas sustentáveis incluem geralmente rotações de culturas que reduzam os problemas de ervas daninhas, doenças, insectos e outras pragas, forneçam fontes alternativas de azoto para o solo, reduzam a erosão do solo e o risco de contaminação da água por produtos químicos agrícolas estratégias de gestão das pragas que não sejam prejudiciais para os sistemas naturais, os agricultores, os vizinhos ou os consumidores. Estas incluem técnicas integradas de gestão das pragas que reduzem a necessidade de pesticidas através de práticas como a prospeção, a utilização de cultivares resistentes, a calendarização da plantação e o controlo biológico das pragas; aumento da monda mecânica/biológica; mais práticas de conservação do solo e da água; e utilização estratégica de fertilizantes animais e verdes; utilização de factores de produção naturais ou sintéticos de uma forma que não represente um perigo significativo para os seres humanos, os animais ou o ambiente.

"Esta abordagem abrange toda a exploração agrícola, recorrendo aos conhecimentos dos agricultores, equipas interdisciplinares de cientistas e especialistas dos sectores público e privado".[102]

Tratado das ONG sobre agricultura sustentável, Fórum Mundial do Rio de Janeiro, 1-15 de junho de 1992:
"A agricultura sustentável é um modelo de organização social e económica baseado numa visão equitativa e participativa do desenvolvimento, que reconhece o ambiente e os recursos naturais como a base da atividade económica. A agricultura é sustentável quando é ecologicamente correcta, economicamente viável, socialmente justa, culturalmente adequada e baseada numa abordagem científica holística.
"A agricultura sustentável preserva a biodiversidade, mantém a fertilidade do solo e a pureza da água, conserva e melhora as qualidades químicas, físicas e biológicas do solo, recicla os recursos naturais e poupa energia. A agricultura sustentável produz várias formas de alimentos, fibras e medicamentos de alta qualidade.
"A agricultura sustentável utiliza recursos renováveis disponíveis localmente, tecnologias adequadas e acessíveis e minimiza a utilização de factores de produção externos e comprados, aumentando a independência e a autossuficiência locais e proporcionando uma fonte estável de rendimento aos agricultores, às famílias, aos pequenos proprietários e às comunidades rurais. Isto permite que mais pessoas permaneçam na terra, fortalece as comunidades rurais e integra as pessoas no seu ambiente.

Agricultura sustentável; subparte A - Geral. (10/20/09)
[102] Paul F. O'Connell, "Sustainable Agriculture, a Valid Alternative", *Outlook on Agriculture* (1992) 21(1) : p.6. Chamada NAL # 10 Ou8

A agricultura sustentável respeita os princípios ecológicos da diversidade e da interdependência e utiliza os conhecimentos da ciência moderna para reforçar, em vez de substituir, a sabedoria tradicional acumulada durante séculos por inúmeros agricultores em todo o mundo." [Estes extractos foram retirados do *Tratado das ONG sobre Agricultura Sustentável* (Fórum Mundial do Rio de Janeiro, 1-15 de junho de 1992). Disponível no seguinte endereço
Sítio Web de informação sobre o habitat: http://habitat.igc.org/treaties/at-20.htm(8/23/07)] "A agricultura sustentável não se refere a um conjunto de práticas prescritas. Pelo contrário, incentiva os produtores a reflectirem sobre as implicações a longo prazo das suas práticas e o impacto que podem ter no ambiente.

as principais interacções e dinâmicas dos sistemas agrícolas. Convida também os consumidores a envolverem-se mais na agricultura, aprendendo mais sobre os seus sistemas alimentares e participando ativamente neles. Um dos principais objectivos é compreender a agricultura de um ponto de vista ecológico - em termos da dinâmica dos nutrientes e da energia e das interacções entre plantas, animais, insectos e outros organismos nos agro-ecossistemas - e, em seguida, equilibrar esta questão com as necessidades de lucro, a comunidade e os consumidores". [Sustainable Agriculture Research and Education (SARE), *Exploring Sustainability in Agriculture: Ways to Enhance Profits, Protect the Environment and Improve Quality of Life* (SARE, 1997). Disponível no sítio Web da SARE
Sítio Web: http://www.sare.org/publications/exploring.htm(8/23/07)]

"Os consumidores podem desempenhar um papel essencial na criação de um sistema alimentar sustentável. Através das suas compras, enviam mensagens fortes aos produtores, retalhistas e outros intervenientes no sistema sobre o que consideram importante. O custo dos alimentos e a sua qualidade nutricional sempre influenciaram as escolhas dos consumidores. O desafio atual consiste em encontrar estratégias que alarguem as perspectivas dos consumidores, de modo a que a qualidade ambiental, a utilização dos recursos e as questões de equidade social sejam também tidas em conta nas decisões de compra. Ao mesmo tempo, é necessário criar novas políticas e instituições que permitam aos produtores que utilizam práticas sustentáveis comercializar os seus produtos junto de um público mais vasto".[103]

---

[103] Programa de Investigação e Educação sobre Agricultura Sustentável da Universidade da Califórnia (SAREP), *What is Sustainable Agriculture?* (SAREP, 1998). Disponível no sítio Web do SAREP:
http://www.sarep.ucdavis.edu/concept.htm (8/23/07)

O termo "sustentabilidade" é ao mesmo tempo extremamente importante e praticamente inútil. Trata-se de um conjunto de conceitos de natureza fundamentalmente diferente. É por isso que a tentativa de identificar A definição de sustentabilidade não tem sido bem sucedida. Não pode haver uma definição satisfatória que não seja multifacetada. Isto coloca sérias dificuldades à aplicação prática da sustentabilidade como um objetivo na tomada de decisões reais. Sugerimos aqui que estas dificuldades podem ser ultrapassadas se nos concentrarmos nos aspectos específicos da sustentabilidade que o decisor considera importantes e se apresentarmos informações sobre os compromissos entre estes aspectos no âmbito de uma fórmula de decisão multicritério."[104]

Os factores mais importantes para um determinado local são o sol, o ar, o solo, os nutrientes e a água. Destes cinco factores, a qualidade e a quantidade da água e do solo são os mais passíveis de intervenção humana, através do tempo e do trabalho.[105] Embora o ar e a luz solar estejam disponíveis em todo o planeta, as culturas também dependem dos nutrientes do solo e da disponibilidade de água. Quando os agricultores cultivam e colhem, retiram alguns destes nutrientes do solo. Sem reposição, o solo sofre de esgotamento de nutrientes e torna-se inutilizável ou sofre uma quebra de rendimento.

As culturas que requerem elevados níveis de nutrientes no solo podem ser cultivadas de forma mais sustentável se forem seguidas determinadas práticas de gestão dos fertilizantes. A nível nacional, os produtores de alimentos necessitam de grandes quantidades de terra e de solo para produzir alimentos a um ritmo cada vez mais acelerado. Este facto esgota os nutrientes do solo e destrói a ideia de agricultura sustentável, que é melhor construída através de métodos agrícolas locais e regionais. A agricultura mudou radicalmente, especialmente desde o fim da Segunda Guerra Mundial. A produtividade dos géneros alimentícios e das fibras disparou graças às novas tecnologias, à mecanização, ao aumento da utilização de produtos químicos, à especialização e às políticas governamentais que incentivaram a maximização da produção. Estas mudanças permitiram que um número mais reduzido de agricultores, com menores necessidades de mão de obra, produzisse a maior parte dos alimentos e fibras nos Estados Unidos.

Embora estas mudanças tenham tido muitos efeitos positivos e reduzido muitos riscos na agricultura, também resultaram em custos significativos, incluindo o esgotamento do solo superficial, a contaminação das águas subterrâneas, o declínio das explorações agrícolas familiares, a contínua negligência das condições

---

[104] David J. Pannell e Steven Schilizzi, "Sustainable Agriculture: a question of ecology, equity, economic efficiency or experience?". *Journal of Sustainable Agriculture* (1999) 13(4): p.65. Número de registo NAL: S494.5 S86S8

[105] Altieri, Miguel A. (1995) *Agroecology: The Science of Sustainable Agriculture.* Westview Press, Boulder, CO.

de vida e de trabalho dos trabalhadores agrícolas, o aumento dos custos de produção e a desintegração das condições económicas e sociais nas comunidades rurais.

Nas últimas duas décadas, tem-se registado um movimento crescente para questionar o papel do sector agrícola na promoção de práticas que contribuem para estes problemas sociais. Atualmente, este movimento a favor da agricultura sustentável goza de um apoio e aceitação crescentes no seio da agricultura tradicional. A agricultura sustentável não só responde a muitas preocupações ambientais e sociais, como também oferece oportunidades inovadoras e economicamente viáveis aos produtores, trabalhadores, consumidores, decisores políticos e muitos outros intervenientes no sistema alimentar.[106]

A agricultura sustentável integra três objectivos principais: saúde ambiental, rentabilidade económica e equidade social e económica. Várias filosofias, políticas e práticas contribuíram para alcançar estes objectivos. Pessoas que desempenham um vasto leque de funções, desde agricultores a consumidores, têm partilhado e contribuído para esta visão. Apesar da diversidade de pessoas e pontos de vista, as definições de agricultura sustentável giram em torno dos seguintes temas.

A sustentabilidade baseia-se no princípio de que devemos satisfazer as necessidades do presente sem comprometer a capacidade das gerações futuras de satisfazerem as suas próprias necessidades. Consequentemente, a *gestão dos recursos naturais e humanos* é de importância primordial. A gestão dos recursos humanos inclui a consideração das responsabilidades sociais, tais como as condições de trabalho e de vida dos trabalhadores, as necessidades das comunidades rurais e a saúde e segurança dos consumidores, tanto no presente como no futuro. A gestão das terras e dos recursos naturais implica a manutenção ou a melhoria a longo prazo desta base de recursos vital.

Uma *perspetiva sistémica* é essencial para compreender a sustentabilidade. O sistema é considerado no seu sentido mais lato, desde a exploração agrícola individual, ao ecossistema local *e às* comunidades afectadas por esse sistema agrícola, tanto a nível local como global. A focalização no sistema proporciona uma visão mais ampla e profunda das consequências das práticas agrícolas nas comunidades humanas e no ambiente. Uma abordagem sistémica dá-nos os instrumentos para explorar as interconexões entre a agricultura e outros aspectos do nosso ambiente.

Uma abordagem sistémica implica também *esforços interdisciplinares em matéria de investigação e educação*. Para tal, é necessária a contribuição não só de

---

[106] UC Sustainable Agriculture Research and Education Program, University of California, Davis, CA 95616, (530) 752-7556. *Escrito por Gail Feenstra, editora, Chuck Ingels, analista de sistemas de culturas perenes, e David Campbell, analista económico e de políticas públicas, com contribuições de David Chaney, Melvin R. George, Eric Bradford, pessoal e comités consultivos do Programa de Investigação e Educação sobre Agricultura Sustentável da UC.*

investigadores de diferentes disciplinas, mas também de agricultores, trabalhadores agrícolas, consumidores, decisores políticos e outros.

A transição para uma agricultura sustentável é um processo. Para os agricultores, a transição para uma agricultura sustentável envolve normalmente uma série de pequenos passos realistas. A economia familiar e os objectivos pessoais influenciarão a velocidade ou a escala da transição. É importante compreender que cada pequena decisão pode fazer a diferença e ajudar a mover todo o sistema ao longo do "continuum da agricultura sustentável". A chave para avançar é a vontade de dar o próximo passo. Por último, é importante sublinhar que a *consecução do objetivo da agricultura sustentável é da responsabilidade de todos os participantes no sistema,* incluindo agricultores, trabalhadores, decisores políticos, investigadores, retalhistas e consumidores. Cada grupo tem o seu próprio papel a desempenhar, a sua própria contribuição única para o reforço da comunidade da agricultura sustentável.[107]

Desenvolvimento sustentável :

Nos últimos dez anos, tem-se verificado um interesse considerável a nível mundial pela sustentabilidade aplicada a todos os domínios da atividade humana. Em resposta, o Presidente Clinton criou o Conselho Presidencial para o Desenvolvimento Sustentável (PCSD) em abril de 1993. Os membros do Conselho adoptaram a definição de desenvolvimento sustentável da Comissão Brundtland como ... "satisfazer as necessidades do presente sem comprometer a capacidade das gerações futuras de satisfazerem as suas próprias necessidades".[108]

A declaração de visão do Conselho Presidencial diz o seguinte: "A nossa visão é a de uma Terra habitável. Estamos empenhados numa existência digna, pacífica e equitativa. Os Estados Unidos sustentáveis terão uma economia em crescimento que proporcione oportunidades equitativas de subsistência satisfatória e uma qualidade de vida segura, saudável e elevada para as gerações actuais e futuras. A nossa nação protegerá o seu ambiente, a sua base de recursos naturais e as funções e viabilidade dos sistemas naturais dos quais depende toda a vida.[109]

Planeamento de toda a operação :

As estratégias de planeamento de toda a exploração agrícola partilham uma

[107]h ttps://www.nal.usda.gov/afsic/sustainable-agriculture-definitions-and-terms

[108] Comissão Mundial sobre o Ambiente e o Desenvolvimento ("Comissão Brundtland"), *Our Common Future* (Oxford: Oxford University Press, 1987), p. 43. Número de registo NAL HD75.6 O9

[109]Conselho do Presidente para o Desenvolvimento Sustentável, *Sustainable America: A New Consensus for Prosperity, Opportunity and a Healthy Environment for the Future* (Washington: GPO, 1996), p. iv. NAL Call # HC110 E5S87 1996. Disponível em PCSD
Sítio Web: http://clinton2.nara.gov/PCSD/Publications/TF_Reports/amer-top.html (23/08/07)]

abordagem de conservação e familiar à gestão das explorações agrícolas, embora os elementos específicos possam variar de exploração para exploração e de comunidade para comunidade. "O planeamento de toda a exploração agrícola fornece aos agricultores as ferramentas de gestão necessárias para gerir de forma rentável sistemas agrícolas biologicamente complexos. Como sistema de gestão, baseia-se na teoria de gestão de ponta utilizada por outras empresas, indústrias e mesmo cidades. Encoraja os agricultores a estabelecer objectivos explícitos para as suas explorações, a examinar e avaliar cuidadosamente todos os recursos - culturais, financeiros e naturais - disponíveis para atingir os seus objectivos, a desenvolver planos a curto e longo prazo para atingir os seus objectivos, a tomar decisões quotidianas que apoiem os seus objectivos e a monitorizar o progresso em direção aos seus objectivos.[110]

Política alimentar e agrícola. As políticas federais, estatais e locais existentes impedem frequentemente a realização dos objectivos da agricultura sustentável. São necessárias novas políticas para promover simultaneamente a saúde ambiental, a rentabilidade económica e a equidade social e económica. Por exemplo, os programas de apoio aos produtos e aos preços poderiam ser reestruturados para permitir que os agricultores tirem pleno partido dos ganhos de produtividade possibilitados por práticas alternativas. As políticas fiscais e de crédito poderiam ser alteradas para incentivar um sistema diversificado e descentralizado de explorações familiares, em vez da concentração empresarial e da propriedade ausente. As políticas de investigação do governo e das universidades poderiam ser alteradas para se centrarem no desenvolvimento de alternativas sustentáveis. As ordens de comercialização e as normas cosméticas poderiam ser alteradas para incentivar a redução da utilização de pesticidas. É necessário criar coligações para abordar estas preocupações políticas a nível local, regional e nacional.

Intensificação sustentável

Dadas as preocupações com a segurança alimentar, o crescimento da população humana e a diminuição das terras aráveis, são necessárias práticas agrícolas intensivas e sustentáveis para manter rendimentos elevados, preservando simultaneamente a saúde dos solos e os serviços ecossistémicos. A capacidade dos serviços ecossistémicos para serem suficientemente fortes para permitir uma redução da utilização de factores de produção sintéticos não renováveis, mantendo, ou mesmo aumentando, os rendimentos, tem sido objeto de grande debate. Trabalhos recentes no sistema de produção de arroz irrigado da Ásia Oriental, de importância mundial, sugeriram que - pelo menos no que diz respeito ao controlo de

---

[110]*Whole Farm Planning,* ("Sponsored by The Minnesota Project, the Great Lakes Whole Farm Planning Network and the Minnesota Institute for Sustainable Agriculture (MISA)").https://www.nal.usda.gov/afsic/sustainable-agriculture-definitions-and-terms

pragas - a promoção do serviço ecosistémico de controlo biológico com recurso a plantas nectaríferas pode reduzir a necessidade de insecticidas em 70%, ao mesmo tempo que proporciona uma vantagem de rendimento de 5% em relação à prática normal (http: //www.nature.com/articles/nplants201614).

Tratamento do pavimento

A vaporização do solo pode ser utilizada como uma alternativa ecológica aos produtos químicos para a esterilização do solo. Existem vários métodos de introdução de vapor no solo para matar as pragas e melhorar a saúde do solo.

Impactos não operacionais

Uma exploração capaz de "produção perpétua", mas que tem efeitos negativos na qualidade do ambiente noutros locais, não é uma agricultura sustentável. A aplicação excessiva de fertilizantes sintéticos ou de estrume animal, que pode melhorar a produtividade de uma exploração agrícola, mas polui os rios e as águas costeiras circundantes (eutrofização), é um exemplo de um caso em que se justifica uma visão holística. O outro extremo também pode ser indesejável, como o problema dos baixos rendimentos agrícolas devido ao esgotamento dos nutrientes no solo, associado à destruição das florestas tropicais, como no caso das queimadas para a alimentação do gado.Na Ásia, a terra específica para a agricultura sustentável é de cerca de 12,5 acres, o que inclui terra para forragem animal, produção de cereais, terra para algumas culturas de rendimento e até reciclagem de culturas alimentares conexas, sendo que, nalguns casos, até uma pequena unidade de aquacultura está também incluída neste valor (AARI-1996)

A sustentabilidade afecta a produção global, que tem de aumentar para satisfazer a necessidade crescente de alimentos e fibras à medida que a população mundial cresce para 9,3 mil milhões de pessoas até 2050. O aumento da produção pode resultar da criação de novas terras agrícolas, o que pode melhorar as emissões de dióxido de carbono se o deserto for recuperado, como em Israel e na Palestina, ou piorar as emissões se for praticada a agricultura de corte e queima, como no Brasil.

Política internacional

A agricultura sustentável tornou-se um tema de interesse na cena política internacional, especialmente no que respeita ao seu potencial para reduzir os riscos associados às alterações climáticas e ao crescimento da população humana. A Comissão sobre Agricultura Sustentável e Alterações Climáticas, no âmbito das suas recomendações aos decisores políticos sobre a forma de garantir a segurança alimentar face às alterações climáticas, sublinhou que a agricultura sustentável deve ser integrada nas políticas nacionais e internacionais. A Comissão sublinhou que a crescente variabilidade das condições meteorológicas e os choques climáticos terão um impacto negativo nos rendimentos agrícolas, o que exige uma ação rápida para que os sistemas de produção agrícola passem a ser mais resistentes. Apelou igualmente a um aumento significativo do investimento na agricultura sustentável durante a próxima década, em especial nos orçamentos nacionais de investigação e desenvolvimento, na reabilitação das terras, nos incentivos económicos e na melhoria das infra-estruturas.[111]

Planeamento urbano

Tem havido um debate considerável sobre a forma de povoamento residencial humano que poderá ser a melhor forma social para uma agricultura sustentável. Muitos ambientalistas defendem o desenvolvimento urbano densamente povoado, a fim de preservar as terras agrícolas e maximizar a eficiência energética. No entanto, outros têm levantado a hipótese de que as eco-cidades sustentáveis, ou ecovilas, que combinam habitação e agricultura com a proximidade entre produtores e consumidores, podem oferecer maior sustentabilidade.

Uma das ideias mais recentes para alcançar uma agricultura sustentável é transferir a produção de culturas alimentares das grandes explorações industriais para grandes instalações técnicas urbanas, conhecidas como "explorações verticais". As vantagens da agricultura vertical incluem a produção durante todo o ano, o isolamento de pragas e doenças, a reciclagem controlável de recursos e a produção no local que reduz os custos de transporte. Embora uma quinta vertical ainda não seja uma realidade, a ideia está a ganhar terreno entre aqueles que acreditam que os actuais métodos de agricultura sustentável não serão suficientes para satisfazer as necessidades da crescente população mundial.

Água

Em algumas zonas, a precipitação é suficiente para apoiar o crescimento das culturas, mas muitas outras zonas precisam de ser irrigadas. Para que os sistemas de irrigação sejam sustentáveis, devem ser corretamente geridos (para evitar a salinização) e não devem utilizar mais água da sua fonte do que aquela que é naturalmente renovável. Caso contrário, a fonte de água torna-se um recurso não renovável. As melhorias registadas na tecnologia de perfuração de poços e nas bombas submersíveis, combinadas com o desenvolvimento da irrigação gota a gota e dos pivots de baixa pressão, tornaram possível alcançar rendimentos consistentemente elevados em regiões onde a dependência apenas da precipitação

---

[111] *"Alcançar a segurança alimentar face às alterações climáticas: Resumo para os decisores políticos da Comissão sobre Agricultura Sustentável e Alterações Climáticas" (PDF). Programa de Investigação do CGIAR sobre Alterações Climáticas, Agricultura e Segurança Alimentar (CCAFS). novembro de 2011*

tornava a agricultura incerta. No entanto, este progresso teve um preço. Em muitas áreas, como o aquífero Ogallala, a água é consumida mais rapidamente do que pode ser reabastecida.

É necessário adotar uma série de medidas para desenvolver sistemas agrícolas resistentes à seca, mesmo em anos "normais" com precipitação média. Estas medidas incluem acções políticas e de gestão:
melhorar as medidas de conservação e armazenamento de água,
fornecer incentivos para a seleção de espécies de culturas tolerantes à seca, a utilização de sistemas de irrigação de volume reduzido, a gestão das culturas para reduzir as perdas de água e a não plantação de culturas.[112]
Os indicadores de desenvolvimento sustentável para os recursos hídricos são os seguintes

Recursos hídricos internos renováveis. Trata-se do caudal médio anual dos rios e das águas subterrâneas gerado pela precipitação endógena, depois de assegurada a ausência de dupla contagem. Representa a quantidade máxima de recursos hídricos produzidos dentro das fronteiras de um país. Este valor, expresso em média anual, é invariável ao longo do tempo (exceto em caso de alterações climáticas comprovadas). [3]O indicador pode ser expresso em três unidades diferentes: em termos absolutos (km/ano), em mm/ano (é uma medida da humidade do país) e em função da população (m3/pessoa/ano).

Recursos hídricos renováveis globais. É a soma dos recursos hídricos renováveis internos e dos afluxos provenientes do exterior do país. Ao contrário dos recursos internos, este valor pode variar ao longo do tempo se o desenvolvimento a montante reduzir a disponibilidade de água na fronteira. Os tratados que garantem um caudal específico a reservar pelos países a montante para os países a jusante podem ser tidos em conta no cálculo dos recursos hídricos globais dos dois países.

Taxa de dependência. É a proporção do total de recursos hídricos renováveis provenientes do exterior do país, expressa em percentagem. Exprime o nível de dependência dos recursos hídricos de um país em relação aos países vizinhos.

Captação de água. Dadas as limitações acima descritas, apenas a captação bruta de água pode ser sistematicamente calculada numa base nacional como medida da utilização da água. O valor absoluto ou per capita da captação anual de água fornece uma medida da importância da água para a economia do país. Quando expresso como uma percentagem dos recursos hídricos, indica o grau de pressão sobre os recursos hídricos. Uma estimativa aproximada mostra que, se a captação de água

[112] *"O que é a agricultura sustentável? - ASI". Sarep.ucdavis.edu. Acedido em 2013-09-10.*

exceder um quarto dos recursos hídricos renováveis globais de um país, a água pode ser vista como um fator que limita o desenvolvimento e, inversamente, a pressão sobre os recursos hídricos pode afetar todos os sectores, desde a agricultura ao ambiente e às pescas.[113]

Quando a produção de alimentos e fibras degrada a base de recursos naturais, a capacidade das gerações futuras para produzir e prosperar diminui. Pensa-se que o declínio das civilizações antigas na Mesopotâmia, na região mediterrânica, no sudoeste pré-colombiano dos Estados Unidos e na América Central foi fortemente influenciado pela degradação dos recursos naturais devido a práticas agrícolas e florestais insustentáveis. A água é o principal recurso que permitiu a prosperidade da agricultura e da sociedade e constituiu um fator limitativo importante quando foi mal gerida.

Abastecimento e utilização da água. Na Califórnia, foi criado um vasto sistema de armazenamento e transferência de água, que permite alargar a produção agrícola a regiões muito áridas. Durante os anos de seca, o abastecimento limitado de água de superfície levou a um excesso de abastecimento de água subterrânea, resultando na intrusão de água salgada ou no colapso permanente dos aquíferos. Na Califórnia, registaram-se secas periódicas, algumas com uma duração de até 50 anos. Devem ser tomadas várias medidas para desenvolver sistemas agrícolas resistentes à seca, mesmo em anos "normais", incluindo acções políticas e de gestão: 1) melhorar as medidas de conservação e armazenamento da água, 2) fornecer incentivos para a seleção de espécies de culturas tolerantes à seca, 3) utilizar sistemas de irrigação de volume reduzido, 4) gerir as culturas para reduzir as perdas de água, ou 5) não plantar de todo.[114]

Qualidade da água - Os problemas mais significativos de qualidade da água relacionam-se com a salinização e a contaminação das águas subterrâneas e superficiais por pesticidas, nitratos e selénio. A salinidade tornou-se um problema sempre que a água, mesmo com um baixo teor de sal, é utilizada em solos pouco profundos em regiões áridas e/ou quando o lençol freático está próximo da zona das raízes das culturas. A drenagem por tubagem pode remover a água e os sais, mas a remoção de sais e outros contaminantes pode ter efeitos negativos no ambiente, dependendo do local onde são depositados. As soluções temporárias incluem a

---

[113] *"Indicadores para o desenvolvimento sustentável dos recursos hídricos". Fao.org. Acedido em 2013-09-10.*

[114] UC Sustainable Agriculture Research and Education Program, University of California, Davis, CA 95616, (530) 752-7556. *Escrito por Gail Feenstra, editora, Chuck Ingels, analista de sistemas de culturas perenes, e David Campbell, analista económico e de políticas públicas, com contribuições de David Chaney, Melvin R. George, Eric Bradford, pessoal e comités consultivos do Programa de Investigação e Educação sobre Agricultura Sustentável da UC.*

utilização de culturas tolerantes ao sal, irrigação de baixo volume e várias técnicas de gestão para minimizar os efeitos dos sais nas culturas. A longo prazo, algumas terras agrícolas poderão ter de ser retiradas da produção ou convertidas para outras utilizações.

Fauna e flora. A agricultura também afecta os recursos hídricos através da destruição dos habitats ribeirinhos nas zonas de captação. A conversão de habitats selvagens em terras agrícolas reduz as populações de peixes e de animais selvagens devido à erosão e à sedimentação, aos efeitos dos pesticidas, à eliminação das plantas ripícolas e ao desvio da água. A diversidade vegetal nas zonas ribeirinhas e agrícolas e nas suas imediações deve ser mantida para encorajar uma diversidade de flora e fauna. Esta diversidade melhorará os ecossistemas naturais e poderá ajudar a combater as pragas agrícolas.

Energia. A agricultura moderna está fortemente dependente de fontes de energia não renováveis, nomeadamente do petróleo. O uso continuado destas fontes de energia não pode ser sustentado indefinidamente, mas abandonar abruptamente a nossa dependência delas seria economicamente catastrófico. No entanto, uma interrupção súbita do fornecimento de energia seria igualmente perturbadora. Nos sistemas agrícolas sustentáveis, a dependência de fontes de energia não renováveis é reduzida e a utilização de fontes renováveis ou de mão de obra é substituída sempre que seja economicamente viável. A energia é utilizada ao longo de toda a cadeia alimentar, da exploração agrícola até à mesa. Na agricultura industrial, a energia é utilizada na mecanização das explorações agrícolas e nos processos de transformação, armazenamento e transporte dos alimentos. Os preços da energia estão, por conseguinte, estreitamente ligados aos preços dos géneros alimentícios. O petróleo é também utilizado como matéria-prima nos produtos químicos agrícolas. A Agência Internacional da Energia está a prever um aumento do preço dos recursos energéticos não renováveis. O aumento dos preços da energia resultante do esgotamento dos recursos de combustíveis fósseis pode, por conseguinte, reduzir a segurança alimentar global, a menos que sejam tomadas medidas para "dissociar" a energia dos combustíveis fósseis da produção de alimentos, através da adoção de sistemas agrícolas "inteligentes em termos energéticos". A utilização da irrigação solar no Paquistão é reconhecida como um exemplo importante da utilização da energia na criação de um sistema fechado de irrigação com água na agricultura.[115]

O futuro do conceito de agricultura sustentável

Muitos membros da comunidade agrícola abraçaram o sentido de urgência e

[115] *"Progresso na agricultura sustentável: sistemas de irrigação movidos a energia solar no Paquistão". Universidade McGill. 2014-02-12. Acedido em 2014-02-12.*

de orientação indicado pelo conceito de agricultura sustentável. A falta de uma definição exacta não diminuiu a sua autenticidade. A sustentabilidade tornou-se uma componente integral de muitos esforços de investigação agrícola governamentais, comerciais e sem fins lucrativos, e está a começar a ser integrada na política agrícola. Um número crescente de agricultores e criadores embarcou na via da sustentabilidade, incorporando abordagens integradas e inovadoras nos seus próprios negócios.

Esta atitude é a verdadeira força que conduz a questão da sustentabilidade para o próximo século. A melhor forma de comunicar o significado de agricultura sustentável é contar as histórias de agricultores que estão a desenvolver sistemas agrícolas sustentáveis nas suas próprias explorações", diz John Ikerd, descrevendo o projeto *"1.000 Ways to Farm Sustainably"* financiado pelo Programa de Investigação e Educação em Agricultura Sustentável do USDA. Este projeto visava explorar e aperfeiçoar a definição de agricultura sustentável através da caraterização de agricultores e pecuaristas sustentáveis de sucesso". O SARE deu continuidade ao projeto, mudando-lhe o nome para *"The New American Farmer". "Para além* de descreverem práticas agrícolas de sucesso, os artigos do *The New American Farmer descrevem em pormenor* os efeitos dessas práticas na rentabilidade das explorações, na qualidade de vida, nas comunidades rurais e no ambiente.[116]

A compreensão aprofundar-se-á e as respostas continuarão a surgir. O diálogo permanente é importante por outra razão: com cada vez mais partes, cada uma com a sua própria agenda, a lançarem-se na "tenda" da agricultura sustentável, só uma concentração contínua nas verdadeiras questões e objectivos evitará que a agricultura sustentável se torne tão abrangente que deixe de fazer sentido. A declaração de Youngberg e Harwood de 1989 continua a ser pertinente: "Estamos ainda muito longe de saber que métodos e sistemas, em diferentes locais, conduzirão efetivamente à sustentabilidade...". No entanto, em muitas partes do país e para muitas culturas, ainda não é clara a combinação específica de métodos que irá reduzir a utilização de produtos químicos agrícolas nocivos ou aumentar a diversidade das culturas, assegurando simultaneamente o sucesso económico. O cenário está montado para desafiar não só os profissionais da agricultura, mas também os investigadores, os educadores e a indústria agrícola." [Garth Youngberg e Richard Harwood, "Sustainable Farming Systems: Needs and Opportunities", American Journal of Alternative Agriculture (1989) 4(3 & 4): p.100. NAL Call # S605.5.A3]

---

116 ver *The New American Farmer: Profiles of Agricultural Innovation,* 2ª edição. (SARE, 2005). Disponível no sítio Web do SARE
Sítio Web: http://www.sare.org/publications/naf.htm(8/23/07)

O contexto económico, social e político

Para além das estratégias de preservação dos recursos naturais e de alteração das práticas de produção, a agricultura sustentável exige um compromisso de mudança das políticas públicas, das instituições económicas e dos valores sociais. As estratégias de mudança devem ter em conta a relação complexa, recíproca e em constante evolução entre a produção agrícola e a sociedade no seu conjunto.[117]

O "sistema alimentar" estende-se muito para além do portão da exploração agrícola e envolve a interação de indivíduos e instituições com objectivos opostos e frequentemente concorrentes, incluindo agricultores, investigadores, fornecedores de factores de produção, trabalhadores agrícolas, sindicatos, consultores agrícolas, transformadores, retalhistas, consumidores e decisores políticos. As relações entre estes intervenientes evoluem ao longo do tempo, à medida que as novas tecnologias impulsionam as mudanças económicas, sociais e políticas.

Os aspectos socioeconómicos da sustentabilidade são também parcialmente compreendidos. No que respeita à agricultura menos concentrada, a análise mais conhecida é o estudo de Netting sobre os sistemas agrícolas de pequena escala ao longo da história.[118] O Oxford Sustainable Group define a sustentabilidade neste contexto de uma forma muito mais ampla, considerando o efeito em todas as partes interessadas no âmbito de uma abordagem de 360 graus.

Uma vez que a oferta de recursos naturais é limitada a um determinado custo e localização, uma agricultura ineficaz ou prejudicial para os recursos pode acabar por esgotar os recursos disponíveis ou a capacidade de os pagar e adquirir. Pode também gerar externalidades negativas, como a poluição, bem como custos financeiros e de produção. Há vários estudos que integram estas externalidades negativas numa análise económica dos serviços ecossistémicos, da biodiversidade, da degradação dos solos e da gestão sustentável das terras. Entre eles, contam-se o estudo TheEconomics of Ecosystems and Biodiversity (TEEB), conduzido por Pavan Sukhdev, e a iniciativa Economics of Land Degradation, que visa estabelecer uma análise económica custo-benefício da prática da gestão sustentável dos solos e da agricultura sustentável. A forma como as colheitas são vendidas deve ser tida em conta na equação da sustentabilidade. Os alimentos vendidos localmente não requerem energia adicional para serem transportados (incluindo para os consumidores). Os alimentos vendidos num local remoto, seja num mercado de

---

[117] UC Sustainable Agriculture Research and Education Program, University of California, Davis, CA 95616, (530) 752-7556. *Escrito por Gail Feenstra, editora, Chuck Ingels, analista de sistemas de culturas perenes, e David Campbell, analista económico e de políticas públicas, com contribuições de David Chaney, Melvin R George, Eric Bradford, pessoal e comités consultivos do Programa de Investigação e Educação sobre Agricultura Sustentável da UC.*

[118] Netting, Robert McC. (1993) Smallholders, Householders: Farm Families and the Ecology of Intensive, Sustainable Agriculture. Stanford Univ. Press, Palo Alto.

agricultores ou num supermercado, implicam um conjunto diferente de custos de energia para materiais, mão de obra e transporte.

A procura de uma agricultura sustentável traz muitos benefícios a nível local. Ao poderem vender os seus produtos diretamente aos consumidores, em vez de os venderem a preços grossistas ou a preços de mercadoria, os agricultores podem obter lucros óptimos. É necessária uma grande variedade de estratégias e abordagens para criar um sistema alimentar mais sustentável. Estas vão desde esforços específicos e concentrados para alterar políticas ou práticas específicas, até tarefas a mais longo prazo de reforma de instituições fundamentais, repensando as prioridades económicas e pondo em causa valores sociais amplamente aceites. As áreas de preocupação em que a mudança é mais necessária são:

7. A TEORIA AGRO-CÊNTRICA E MECHELECTRÓNICA EXTRAIR NUTRIENTES: REDEFINIR A ARTE DA MEDICINA E DA NUTRIÇÃO

Com base na teoria agro-cêntrica, os nutrientes produzidos pelas plantas através da fotossíntese podem ser produzidos por uma máquina mecânica, eléctrica e eletrónica especificamente concebida para a extração de nutrientes. A teoria agro-cêntrica é uma questão predominante na medicina e na nutrição modernas. De acordo com esta teoria, a agricultura e as questões com ela relacionadas são o centro de gravidade de todos os fenómenos. Em torno da agricultura giram disciplinas que vão da contabilidade agrícola à gestão zoológica. Desde há muito que surgiram várias disciplinas para estimular a agricultura e os estudos agrícolas, de tal modo que não se pode dizer que a teoria planetária do direito seja peculiar no esquema de todas as disciplinas. O agrocentrismo pode tornar-se a marca da humanidade porque não há certamente alternativa aos seus mecanismos. No entanto, a produção natural de alimentos e de nutrientes nunca foi suficiente, e é por isso que a inovação neste domínio tão importante é tão constante. Uma nova era na agricultura que procura redefinir a arte da medicina e da nutrição é a extração mechelectrónica de nutrientes. A extração mechelectrónica é um processo mecânico, elétrico e eletrónico através do qual os nutrientes que são normalmente extraídos do solo pelas plantas através do processo de fotossíntese são realizados por máquinas concebidas para o efeito. Esta é a principal função de uma máquina mechelectrónica. De facto, uma máquina mechelectrónica não é concebida para produzir colheitas normais, mas para produzir nutrientes vitais como suplementos alimentares e estimulantes medicinais. No curso normal da natureza, embora a vegetação produza os nutrientes necessários para a sobrevivência humana, alguns dos nutrientes acumulados pelas plantas são consumidos internamente pelas plantas e outros nutrientes também se evaporam das plantas. Consequentemente, nem todos os nutrientes retirados do solo pelas plantas são retidos por elas. No entanto, o caso é diferente com as máquinas de extração de nutrientes, uma vez que estas máquinas extraem e retêm os nutrientes na sua forma original, com exceção de certos aspectos dos nutrientes que são depois sujeitos a uma técnica de remediação solar para uma purificação adicional, tornando-os adequados para consumo humano. Estas máquinas são capazes de absorver e conservar os nutrientes necessários para fabricar alimentos de alta qualidade e suplementos medicinais para tratar as doenças e os vírus mais mortais. De um modo geral, estas máquinas e estes nutrientes levantam questões éticas e de segurança alimentar. No entanto, o processo de separação e as técnicas de destilação fraccionada garantem a segurança. A extração mecânica dos nutrientes deveria permitir enriquecer os componentes medicinais. A posição central da teoria agrícola é estratégica para aumentar a segurança alimentar e a potência medicinal. A extração mecânica dos nutrientes deve ser explicada mais detalhadamente. É a garantia de uma melhor saúde no futuro.

Fundamentos da extração de nutrientes naturais e artificiais

O sol torna possível a produção vegetal. As plantas retiram energia do sol através de um processo chamado fotossíntese. A fotossíntese é um processo pelo qual as plantas verdes e alguns outros organismos utilizam a energia da luz para converter o dióxido de carbono e a água num açúcar simples, a glucose. Ao fazê-lo, a fotossíntese fornece a fonte de energia básica para praticamente todos os organismos. Um subproduto extremamente importante da fotossíntese é o oxigénio, do qual a maioria dos organismos depende. A fotossíntese ocorre em plantas verdes, algas e certas bactérias. Estes organismos são verdadeiras fábricas de açúcar, produzindo milhões de novas moléculas de glucose por segundo. As plantas utilizam grande parte desta glucose, um hidrato de carbono, como fonte de energia para construir folhas, flores, frutos e sementes. Também convertem a glucose em celulose, o material estrutural utilizado nas suas paredes celulares. No entanto, a maioria das plantas produz mais glicose do que utiliza e armazena-a sob a forma de amido e outros hidratos de carbono nas raízes, caules e folhas. As plantas podem então recorrer a estas reservas para obter energia adicional ou materiais de construção. Todos os anos, os organismos fotossintéticos produzem cerca de 170 mil milhões de toneladas de hidratos de carbono adicionais, ou seja, cerca de 30 toneladas por cada habitante do planeta.[119] O solo é, de facto, um sistema vivo, que se combina com o ar, a água e a luz solar para sustentar a vida das plantas. O processo essencial da fotossíntese, através do qual as plantas convertem a luz solar em energia, depende das trocas que ocorrem no solo. As plantas, por sua vez, são um elo essencial na cadeia alimentar de todos os seres vivos, incluindo os humanos. Sem solo, não haveria vegetação - não haveria colheitas para a alimentação, nem florestas, flores ou prados. Em grande medida, a vida na Terra depende do solo.[120]

A fotossíntese tem implicações de grande alcance. Tal como as plantas, os seres humanos e outros animais dependem da glicose para obter energia, mas não são capazes de a produzir eles próprios e, em última análise, têm de depender da glicose produzida pelas plantas. Além disso, o oxigénio que os seres humanos e outros animais respiram é o oxigénio libertado durante a fotossíntese. Os seres humanos também dependem de produtos antigos da fotossíntese, conhecidos como combustíveis fósseis, para fornecer a maior parte da nossa energia industrial moderna. Estes combustíveis fósseis, incluindo o gás natural, o carvão e o petróleo, são compostos por uma mistura complexa de hidrocarbonetos, os restos de organismos que dependiam da fotossíntese

[119] Dickson, L. G. "Photosynthesis". Microsoft® Encarta® 2009 [DVD]. Redmond, WA: Microsoft Corporation, 2008.

[120] **Microsoft ® Encarta ® 2009. 1993-2008 Microsoft Corporation**

há milhões de anos. Praticamente todas as formas de vida na Terra dependem, direta ou indiretamente, da fotossíntese como fonte de alimento, energia e oxigénio, o que a torna um dos mais importantes processos bioquímicos conhecidos.

A fotossíntese nas plantas tem lugar nas folhas e nos caules verdes, no interior de estruturas celulares especializadas denominadas cloroplastos. O cloroplasto, uma estrutura de forma oval, está dividido por membranas em numerosos compartimentos em forma de disco. A fotossíntese baseia-se em fluxos de energia e de electrões iniciados pela energia luminosa. Os electrões são partículas minúsculas que se deslocam numa órbita específica em torno do núcleo dos átomos e que possuem uma pequena carga eléctrica. A energia da luz faz com que os electrões da clorofila e de outros pigmentos que captam a luz voem para cima e para fora da sua órbita; os electrões voltam instantaneamente ao seu lugar, libertando ressonância ou energia vibracional no processo, tudo isto em poucos milionésimos de segundo. A clorofila e outros pigmentos estão agrupados uns ao lado dos outros nos fotossistemas, e a energia vibratória passa rapidamente de uma molécula de clorofila ou de pigmento para outra, como a transferência de energia nas bolas de bilhar.[121] Tal como as plantas naturais beneficiam do sol através da fotossíntese, as plantas artificiais ou electromecânicas beneficiam do imenso potencial da fotossíntese. Uma vez implantada, uma planta artificial pode utilizar a fotossíntese para extrair mecanicamente do solo suplementos medicinais e nutricionais.

(a) Osmose

Uma máquina de extração de nutrientes deste tipo deve ser concebida para tirar partido das vantagens da osmose. A osmose é o fluxo de um componente de uma solução através de uma membrana, enquanto outros componentes são bloqueados e incapazes de passar através da membrana. A osmose é o movimento líquido de moléculas de água através de uma *membrana semipermeável* de uma região de *baixa* concentração de *soluto* para uma região de *alta* concentração de *soluto* (até ser atingido o equilíbrio). A osmose é um fenómeno pelo qual a água pura flui de uma solução diluída através de uma membrana semipermeável para uma solução mais concentrada. Semi-permeável significa que a membrana permite a passagem de pequenas moléculas e iões, mas actua como uma barreira para moléculas maiores ou substâncias dissolvidas. Para ilustrar isto, suponhamos que uma membrana semipermeável é colocada entre dois compartimentos de um tanque. Vamos supor que a membrana é permeável à água, mas não ao sal. Se colocarmos uma solução salina num compartimento e uma solução de água pura no outro, o sistema tentará atingir o equilíbrio, tendo a mesma concentração em ambos os lados da membrana.

---

121 Dickson, L. G. "Photosynthesis" Microsoft® Encarta® 2009 [DVD]. Redmond, WA: Microsoft Corporation, 2008

membrana. A única forma de o conseguir é a água passar do compartimento de água pura para o compartimento de água salgada. Se for aplicada uma pressão superior à pressão osmótica à concentração elevada, a direção do fluxo de água através da membrana pode ser invertida. Este fenómeno é conhecido como osmose inversa (abreviado RO). É de notar que este fluxo inverso produz água pura a partir da solução salina, uma vez que a membrana não é permeável ao sal.[122]

Se uma solução for separada do solvente puro por uma membrana permeável ao solvente mas não ao soluto, a solução tenderá a diluir-se absorvendo o solvente através da membrana. Este processo pode ser travado aumentando a pressão sobre a solução numa quantidade específica, denominada pressão osmótica.[123]

- A água é considerada o *solvente universal* - combina-se com moléculas polares ou carregadas (solutos) e dissolve-as.
- Como os solutos não conseguem atravessar a membrana celular sem ajuda, a água move-se para igualar as duas soluções.
- Quando a concentração do soluto é maior, há menos moléculas de água livres na solução porque a água está associada ao soluto.
  - A osmose é essencialmente a difusão de moléculas de água livre e, portanto, ocorre

a partir de

regiões de baixa concentração de soluto.[124] A difusão facilitada é
movimento *passivo de* moléculas através da membrana celular utilizando uma proteína de membrana

(b) Membrana

Um dispositivo eletromecânico concebido para a extração de nutrientes deve estar equipado com um núcleo interno enriquecido com uma membrana através da qual os nutrientes passam na primeira fase de filtração para a destilação intermédia. A membrana é uma fina camada de tecido conjuntivo que cobre as células e os órgãos do corpo, ou reveste as articulações e as condutas que se abrem para o exterior do corpo. Uma membrana é uma barreira selectiva; deixa passar certas coisas e impede outras. Estas podem ser moléculas, iões ou outras partículas pequenas. [1]As membranas

122 http://www.toraywater.com/knowledge/kno_001_01.html
123 https://www.britannica.com/science/osmosis
124 Osmose: http://ib.bioninja.com.au/standard-level/topic-1-cell-biology/14-membrane- transport/osmosis.html

biológicas incluem as membranas celulares (revestimentos exteriores das células ou organelos que permitem a passagem de certos constituintes), as membranas nucleares, que cobrem o núcleo de uma célula, e as membranas dos tecidos, como as membranas mucosas e as membranas serosas. As membranas sintéticas são fabricadas pelo homem para utilização em laboratórios e na indústria (como as fábricas de produtos químicos). A membrana que envolve os animais e plantas unicelulares e as células individuais de organismos multicelulares desempenha um papel importante nos processos de nutrição, respiração e excreção destas células. Estas membranas celulares são semipermeáveis, o que significa que permitem a passagem de pequenas moléculas, como açúcares e sais, mas não de grandes moléculas, como as proteínas. As estruturas no interior das células, como o núcleo, também podem ter membranas. O grau de seletividade de uma membrana depende do tamanho dos seus poros.[125] A microfiltração é utilizada para remover sólidos suspensos residuais (SS), para remover bactérias, para condicionar a água para uma desinfeção eficaz e como uma etapa de pré-tratamento para a osmose inversa. Os bioreactores de membrana (MBR), que combinam a microfiltração com um bioreactor para tratamento biológico, são relativamente recentes.

A ultrafiltração remove partículas maiores do que 0,005-2 pm e funciona no intervalo de 70-700kPa.[126] A ultrafiltração é utilizada para muitas das mesmas aplicações que a microfiltração. Algumas membranas de ultrafiltração também têm sido utilizadas para remover compostos dissolvidos de elevado peso molecular, como proteínas e hidratos de carbono. São também capazes de eliminar vírus e certas endotoxinas. A nanofiltração é também conhecida como RO "a granel" e pode rejeitar partículas mais pequenas do que 0,002 pm. A nanofiltração é utilizada para remover certos constituintes dissolvidos das águas residuais. A NF é desenvolvida principalmente como um processo de amaciamento por membrana que oferece uma alternativa ao amaciamento químico. As membranas podem ser neutras ou carregadas e o transporte de partículas pode ser ativo ou passivo. Este último pode ser facilitado pelos gradientes de pressão, concentração, químicos ou eléctricos do processo de membrana. As membranas podem ser classificadas em termos gerais em membranas sintéticas e membranas biológicas.[127] O processo de filtração pode incluir a filtração sem saída e a filtração de fluxo cruzado.

(c) Diagrama do processo de filtragem de fluxo cruzado e sem saída

A filtração leva a um aumento da resistência ao fluxo. No caso de uma filtração sem saída, a resistência aumenta em função da espessura do bolo formado na

---

125 Crites and Tchobangiglous *Small and Decentralized Wastewater Management Systems.* Nova Iorque: McGraw-Hill Book Company (1998)

126 Ibid

127 Mulder, Marcel *Princípios básicos da tecnologia de membranas* (2 ed.). Kluwer Academic : Springer. (1996)

membrana. [128]Como resultado, a permeabilidade (k) e o fluxo diminuem rapidamente, proporcionalmente à concentração de sólidos, exigindo limpeza periódica. Nos processos de fluxo cruzado, a deposição de material continua até que as forças de ligação do bolo à membrana sejam equilibradas pelas forças do fluido. Neste ponto, a filtração em fluxo cruzado atingirá um estado de equilíbrio e o fluxo permanecerá constante ao longo do tempo. Por conseguinte, esta configuração requer menos limpezas periódicas. O processo de extração é assistido por vários meios, incluindo componentes eléctricos, electrónicos, químicos, civis e nucleares.

(d) Eletrónica, eletricidade, química, civil e nuclear.

Os aparelhos electromecânicos devem ter uma função eletrónica para poderem funcionar corretamente. A componente eletrónica do aparelho é essencial para a sondagem dos nutrientes. A sondagem de nutrientes é o processo pelo qual os componentes nutricionais são identificados para extração mecânica. A engenharia é a profissão em que os conhecimentos das ciências matemáticas e naturais, adquiridos através do estudo, da experiência e da prática, são aplicados à utilização eficaz dos materiais e das forças da natureza. O componente eletrónico permite que o dispositivo determine o nível de densidade dos nutrientes para evitar que o componente mecânico procure nutrientes num solo estéril. A eletrónica trata da conceção e aplicação de dispositivos, geralmente circuitos electrónicos, que dependem do fluxo de electrões para gerar, transmitir, receber e armazenar informações. A informação pode ser voz ou música (sinais áudio) num recetor de rádio, uma imagem no ecrã de uma televisão ou números e outros dados num computador.[129] Os circuitos electrónicos executam várias funções para processar esta informação, incluindo a amplificação de sinais fracos para um nível utilizável, a geração de ondas de rádio, a extração de informação, como a recuperação de um sinal de áudio de uma onda de rádio (desmodulação), o controlo, como a sobreposição de um sinal de áudio a ondas de rádio (modulação), e operações lógicas, como os processos electrónicos que ocorrem nos computadores.

A componente eléctrica é essencial para a vitalidade da máquina. A componente eléctrica, mais conhecida por energia solar, tem uma dupla função. Ela alimenta a parte mecânica da máquina e permite também que a máquina filtre a energia do reservatório solar, permitindo que a máquina actue como uma planta biológica e se envolva na fotossíntese. A eletricidade está associada à carga eléctrica, uma propriedade de certas partículas elementares, como os electrões e os protões, duas das partículas básicas que constituem os átomos de toda a matéria comum. As cargas eléctricas podem ser estacionárias, como na eletricidade estática, ou móveis, como numa corrente

[128] Cheryan, M *Ultrafiltration and Microfiltration Handbook (Manual de Ultrafiltração e Microfiltração).* Lancaster, PA: Echonomic Publishing Co, Inc (1998)

[129] Fred Landis, George R. Steber, Steven E. Reyer Microsoft ® Encarta ® 2009 © 1993-2008 Microsoft Corporation

eléctrica.[130] A eletricidade é uma forma de energia extremamente versátil. Pode ser gerada de muitas maneiras diferentes e a partir de muitas fontes diferentes. Pode ser enviada quase instantaneamente através de longas distâncias. A eletricidade pode também ser eficientemente convertida noutras formas de energia e armazenada. Devido a esta versatilidade, a eletricidade desempenha um papel em quase todos os aspectos da tecnologia moderna. A eletricidade fornece luz, calor e energia mecânica. Torna possíveis os telefones, os computadores, as televisões e inúmeras outras necessidades e luxos.

A engenharia química ocupa-se da conceção, construção e gestão de instalações em que os processos essenciais consistem em reacções químicas. Devido à diversidade dos materiais manuseados, a prática tem sido a de analisar os problemas de engenharia química em termos de operações unitárias fundamentais ou de processos unitários, como a trituração ou a pulverização de sólidos. Cabe ao engenheiro químico selecionar e especificar a conceção que melhor satisfaça os requisitos de produção específicos e o equipamento mais adequado para as novas aplicações. À medida que a tecnologia avança, o número de operações unitárias aumenta, mas a destilação, a cristalização, a dissolução, a filtração e a extração continuam a ser de importância primordial. Para cada operação unitária, os engenheiros estão preocupados com quatro princípios fundamentais: (1) a conservação da matéria; (2) a conservação da energia; (3) os princípios do equilíbrio químico; (4) os princípios da reatividade química. Além disso, os engenheiros químicos devem organizar as operações unitárias na sua ordem correcta e ter em conta o custo económico de todo o processo. Uma vez que uma operação contínua, ou em linha de montagem, é mais económica do que um processo descontínuo e se presta frequentemente a um controlo automático, os engenheiros químicos foram dos primeiros a incorporar controlos automáticos nos seus projectos.

A engenharia civil é talvez o domínio mais vasto da engenharia, uma vez que se ocupa da criação, da melhoria e da proteção do ambiente comum, proporcionando facilidades para a vida, a indústria e os transportes, incluindo grandes edifícios, estradas, pontes, canais, linhas ferroviárias, aeroportos, sistemas de abastecimento de água, barragens, irrigação, portos, docas, aquedutos, túneis e outras construções de engenharia. Os engenheiros civis devem ter um conhecimento profundo de todos os tipos de levantamento topográfico, das propriedades e da mecânica dos materiais de construção, da mecânica estrutural e dos solos, bem como da hidráulica e da mecânica dos fluidos. As subdivisões importantes deste domínio incluem a engenharia de construção, a engenharia de irrigação, a engenharia de transportes, a engenharia de solos e fundações, a engenharia geodésica, a engenharia hidráulica e a engenharia costeira e oceânica.[131] Um dispositivo eletromecânico é totalmente compatível com os processos e práticas da engenharia civil, uma vez que a máquina deve ser fixada ao

---

130 Microsoft ® Encarta ® 2009 © 1993-2008 Microsoft Corporation

131 Henry Stark, Microsoft ® Encarta ® 2009 © 1993-2008 Microsoft Corporation

solo como um dispositivo estrutural.

A otimização de um dispositivo eletromecânico só pode ser alcançada se for possibilitada por uma central nuclear. A engenharia nuclear ocupa-se da conceção e construção de reactores e dispositivos nucleares e da forma como a cisão nuclear pode encontrar aplicações práticas, como a produção de energia comercial a partir da energia gerada pelas reacções nucleares e a utilização de reactores nucleares para propulsão e de radiações nucleares para induzir alterações químicas e biológicas. Para além de conceberem reactores nucleares capazes de produzir quantidades específicas de energia, os engenheiros nucleares desenvolvem os materiais especiais necessários para suportar as elevadas temperaturas e o bombardeamento concentrado de partículas nucleares que acompanham a cisão e a fusão nucleares. Os engenheiros nucleares também desenvolvem métodos para proteger as pessoas das radiações nocivas produzidas pelas reacções nucleares e para garantir o armazenamento e a eliminação seguros de materiais cindíveis.

A essência das plantas : A extração natural dos nutrientes

Um dispositivo eletromecânico deve funcionar como uma árvore ou planta e deve ser concebido com as partes correspondentes de uma árvore e deve existir como uma árvore ou planta artificial. Uma árvore é uma planta lenhosa com um tronco principal distinto. Na maturidade, as árvores são geralmente as plantas mais altas, e a sua altura e o seu caule principal único distinguem-nas dos arbustos, que são mais curtos e têm vários caules. As árvores são plantas perenes, ou *seja,* vivem durante pelo menos três anos. As árvores crescem em todo o mundo, desde as regiões extremamente frias do Ártico e da Antárctida até às regiões tropicais quentes do equador. Crescem tanto em solos bons como maus, em desertos e pântanos, ao longo das costas e a altitudes de vários milhares de pés. Embora as árvores possam crescer sozinhas em condições naturais, a maior parte das vezes crescem em povoamentos, constituídos por uma única espécie ou por uma mistura de espécies. Uma floresta é uma comunidade vegetal composta por árvores, arbustos e gramíneas que cobrem uma área. Como existem variações nas árvores e funções, também é possível que o dispositivo imite uma ou mais árvores e seja capaz de combinar nutrientes normalmente encontrados em árvores diferentes.

(a) Baú

Os troncos e os ramos das árvores oferecem proteção contra o vento e as raízes das árvores ajudam a solidificar o solo em caso de chuva forte. Além disso, as árvores e as florestas armazenam reservas de água que actuam como um amortecedor para o ecossistema durante os períodos de seca. Em muitas regiões, o desaparecimento das florestas conduziu a inundações dispendiosas e a secas subsequentes. As árvores e as florestas também fornecem habitat, proteção e alimento a muitas espécies vegetais e animais. Desempenham também um papel importante na regulação do clima e da atmosfera do planeta: as folhas das árvores absorvem o dióxido de carbono do ar e produzem o oxigénio necessário à vida. A casca é a camada protetora exterior dos troncos das árvores. Como a cor, a textura e a espessura da casca variam muito, as suas características são uma das principais formas de identificar as espécies de árvores. A maior parte da espessura total da casca é a casca exterior, que é constituída por células mortas. A casca exterior pode ser muito espessa, como no sobreiro, ou muito fina, como nas bétulas jovens e nos áceres. As aberturas na casca exterior permitem a circulação de dióxido de carbono e oxigénio de e para os tecidos internos.

A camada interna da casca, chamada floema, é composta por uma fina camada de células vivas. Estas células trabalham em conjunto para transportar alimentos sob a forma de açúcares, que são produzidos nas folhas da árvore, através do tronco e dos caules para outras partes da árvore. As células do floema têm paredes finas e os seus conteúdos vivos estão tão interligados que as soluções de açúcar podem passar fácil e rapidamente de uma extremidade da planta para a outra. À medida que as antigas camadas exteriores da casca são removidas, são constantemente adicionadas novas camadas ao interior, onde o floema continua a ser criado. A conceção do aparelho tem as características de um tronco. O armazenamento nutricional do aparelho está efetivamente localizado no tronco mecânico. Os produtos químicos produzidos pelas árvores são utilizados para o curtimento do couro e para o fabrico de tintas, medicamentos, corantes e álcool de madeira. As árvores são também utilizadas na paisagem de casas, parques e auto-estradas. Em regiões com climas extremos, servem de corta-vento ou de sombra contra o sol. Por isso, o aparelho foi concebido para trabalhar com estruturas semelhantes às partes de uma árvore, como as raízes, o tronco, as folhas, as flores e as sementes. Estes elementos desempenham um papel essencial no crescimento, desenvolvimento e reprodução de uma árvore.

(b) Raízes

As árvores são mantidas no lugar por órgãos de ancoragem chamados raízes. Para além de ancorarem a árvore, as raízes também absorvem água e minerais através de estruturas minúsculas chamadas pêlos radiculares. A partir das raízes, a água e os nutrientes minerais são transportados para cima, através das células da madeira, até às folhas. Embora a estrutura interna da maioria dos tipos de raízes seja semelhante, existem frequentemente diferenças externas. Os pinheiros, por exemplo, têm uma raiz *axial* altamente desenvolvida, ou raiz principal, bem como raízes laterais ramificadas. Nos bordos, por outro lado, a raiz axial central é pouco desenvolvida, se é que existe, e as outras raízes são produzidas em grande número perto da superfície do solo. Nas raízes de crescimento rápido, a ponta da raiz é coberta por uma capa de raiz, uma camada protetora de células soltas que são constantemente esfregadas e substituídas à medida que a raiz cresce. As raízes do dispositivo estão equipadas com cápsulas de viagem e sensores que permitem ao dispositivo procurar nutrientes e colhê-los do solo para os transmitir à câmara de armazenamento. A deteção remota pode ser utilizada para identificar áreas ricas em nutrientes. A deteção remota é a arte ou ciência de obter informações sobre um objeto, uma área ou um fenómeno através da análise de dados recolhidos por um determinado dispositivo ou sensor que não tem contacto físico direto com o objeto, a área ou o fenómeno em estudo.[132] A deteção remota é o processo de aquisição de dados ou informações sobre um objeto sem qualquer contacto físico. O primeiro e mais importante componente da deteção remota é a fonte de energia que ilumina o alvo. A energia tem a forma de radiação electromagnética. Pode ser energia natural emitida pelo sol ou pela terra, ou energia artificial. A energia electromagnética refere-se a toda a energia que viaja à velocidade da luz sob a forma de ondas harmónicas. O campo elétrico varia em magnitude numa direção perpendicular à direção em que a radiação se move, e o campo magnético está orientado perpendicularmente ao campo elétrico.[133]

(c) Folhas

Nas árvores, tal como noutras plantas verdes, a principal função das folhas é produzir açúcares através do processo de fotossíntese. Neste processo, os açúcares são formados quando o dióxido de carbono (do ar) e a água (das células da folha) são combinados na presença de luz e do pigmento verde clorofila. O oxigénio é um subproduto. Parte do açúcar recém-formado é utilizado pelas células das folhas como fonte de energia, mas a maior parte é transportada para outras partes da árvore para fornecer a energia necessária para o crescimento e desenvolvimento nessas áreas. As folhas são também os principais órgãos envolvidos na perda de água da planta, conhecida como transpiração. Muitos dos tecidos da árvore não podem funcionar sem um fornecimento constante de água, e a água é necessária para evitar que as folhas sobreaqueçam ou murchem. A transpiração é responsável pelo movimento da água das raízes da árvore para a copa. Quando as folhas perdem água, a água que entra nas raízes é puxada para cima pelo tecido do xilema para substituir a humidade perdida, assegurando uma circulação constante de água nos tecidos da árvore.[134] O dispositivo também é ativado por colunas em forma de folha. As colunas em forma de folha são um dos aspectos do reservatório solar. São pétalas solares que permitem ao dispositivo efetuar o processo de fotossíntese artificial, semelhante ao processo das plantas naturais. O dispositivo não produz flores, tubérculos, cereais ou frutos. Mas funciona de forma a poder explorar e armazenar os nutrientes normalmente presentes nas culturas.

---

[132] "Noçõesbásicas de deteção remota" em http://grindgis.com/what-is-remote-sensing/know-basics-of-remote-sensing

[133] Os princípios básicos da deteção remota" em http://grindgis.com/what-is-remote-sensing/know-basics-of-remote- sensing

[134] Microsoft ® Encarta ® 2009 © 1993-2008 Microsoft Corporation

(d) Solo

O solo é o material solto que cobre as superfícies terrestres e suporta o crescimento das plantas. Em geral, o solo é uma combinação não consolidada, ou solta, de matéria inorgânica e orgânica. Os componentes inorgânicos do solo são principalmente rochas e produtos minerais que foram progressivamente decompostos pela meteorização, ação química e outros processos naturais. A matéria orgânica é constituída por restos de plantas e pela decomposição de muitas formas de vida minúsculas que habitam o solo. Os solos variam consideravelmente de um sítio para outro. Muitos factores determinam a composição química e a estrutura física do solo num determinado local. Os diferentes tipos de rochas, minerais e outros materiais geológicos a partir dos quais o solo foi originalmente formado desempenham um papel importante. Os tipos de plantas ou outra vegetação que crescem no solo também são importantes. A topografia é outro fator. Em alguns casos, a atividade humana, como a agricultura ou a construção, causou perturbações. Os solos também diferem em termos de cor, textura, composição química e tipos de plantas que podem suportar.

A ciência do solo desempenha um papel fundamental na agricultura, ajudando os agricultores a selecionar e apoiar as culturas nas suas terras e a manter um solo fértil e saudável para a plantação. A compreensão do solo é também importante na engenharia e na construção. Os engenheiros de solos efectuam análises detalhadas do solo antes de construírem estradas, casas, complexos industriais e comerciais e outras estruturas. A matéria orgânica é outro componente essencial do solo. Parte deste material provém de resíduos vegetais - por exemplo, os restos de raízes de plantas nas profundezas do solo, ou material que cai no chão, como as folhas no solo de uma floresta. Estes materiais fazem parte de um ciclo de decomposição e degradação, um ciclo que fornece nutrientes importantes ao solo. Em geral, a fertilidade do solo depende de um elevado nível de matéria orgânica. A decomposição da matéria vegetal e animal leva à formação de um material orgânico de cor escura chamado húmus. Ao contrário dos resíduos vegetais, o húmus geralmente resiste à decomposição.[135]

(e) Água

Os cientistas do solo também caracterizam os solos de acordo com a eficiência com que retêm e transportam a água. Quando a água entra no solo através da chuva ou da irrigação, a gravidade entra em ação e faz com que a água escorra para baixo. No solo, a água desempenha a função essencial de fornecer nutrientes minerais às plantas. Mas o equilíbrio entre a água e o ar no solo pode ser delicado. Demasiada água saturará o solo e encherá os poros necessários para o transporte de oxigénio. A falta de oxigénio daí resultante pode matar as plantas. Os solos férteis permitem uma troca entre as plantas e a atmosfera, com o oxigénio a difundir-se no solo e a ser utilizado pelas raízes para a respiração. O dióxido de carbono resultante difunde-se através dos

---

[135] Christopher King, Microsoft ® Encarta ® 2009 © 1993-2008 Microsoft Corporation

poros e regressa à atmosfera. Esta troca é mais eficiente em solos com um elevado grau de porosidade. Para os agricultores, jardineiros, paisagistas e qualquer outra pessoa interessada na saúde do solo, o processo de arejamento, que envolve fazer buracos na superfície do solo para permitir a troca de ar, é uma atividade crucial. A escavação de buracos pelas minhocas e outros habitantes do solo é uma forma natural e benéfica de arejamento.[136]

(f) Fornecimento de nutrientes

Entre as deficiências do solo que afectam a produtividade, a deficiência de nutrientes é particularmente importante. Os nutrientes mais necessários para o bom crescimento das plantas são o azoto, o potássio, o fósforo, o ferro, o cálcio, o enxofre e o magnésio, todos eles presentes na maioria dos solos em quantidades variáveis. Além disso, a maioria das plantas precisa de vestígios de substâncias chamadas oligoelementos, que estão presentes no solo em quantidades muito pequenas e incluem o manganês, o zinco, o cobre e o boro. Os nutrientes estão frequentemente presentes no solo sob a forma de compostos que não podem ser facilmente utilizados pelas plantas. Por exemplo, o fósforo combinado com cálcio ou magnésio pode ser utilizado pelas plantas, mas o fósforo combinado com ferro ou alumínio geralmente não pode. A quantidade de minerais utilizáveis no solo é frequentemente aumentada pelo enriquecimento com fertilizantes artificiais e por tratamentos que aceleram a decomposição de compostos complexos. A quantidade de fósforo disponível, por exemplo, é frequentemente aumentada pela adição de fertilizantes superfosfatados. A adição de cálcio aos solos também reduz a acidez do solo e torna o fósforo mais facilmente disponível para a vegetação. A existência de fósforo em várias formas indisponíveis é por vezes vantajosa, pois permite conservar as reservas de fósforo no solo e prolongar por vários anos os efeitos das aplicações de superfosfatos. O cobre e o enxofre são frequentemente adicionados ao solo através de soluções de pulverização. Outros elementos são adicionados por aplicação direta ou através da utilização de fertilizantes artificiais específicos.[137]

A essência do dispositivo eletromecânico: extração artificial de nutrientes

A robótica encantou e captou a imaginação do mundo com robôs que se assemelham estranhamente aos seres humanos e têm uma expressividade, uma estética e uma interatividade notáveis. Em breve, os nossos robôs irão envolver-se e viver connosco, ensinando-nos, servindo-nos, entretendo-nos, deliciando-nos e oferecendo-nos uma

[136] Christopher King, Microsoft ® Encarta ® 2009 © 1993-2008 Microsoft Corporation

[137] Microsoft ® Encarta ® 2009 © 1993-2008 Microsoft Corporation.

companhia reconfortante. Num futuro não muito distante, grandes máquinas caminharão entre nós. Serão inteligentes, amáveis e sábias. Juntos, homem e máquina criarão um futuro melhor para o mundo.[138]

Tal como as máquinas começam gradualmente a assumir funções desempenhadas pelos seres humanos, também elas podem desempenhar papéis até agora reservados às plantas. A árvore mecânica pode extrair nutrientes do solo para consumo humano através de um processo semelhante à fotossíntese das plantas naturais. Um dispositivo eletromecânico inclui, entre outros, os seguintes elementos

(a) Componentes centrífugos

Na mecânica newtoniana, **a força centrífuga é** uma força de inércia (também conhecida como força "fictícia" ou "pseudo") dirigida para fora do eixo de rotação e que parece atuar em todos os objectos quando vistos num quadro de referência rotativo. O conceito de força centrífuga pode ser aplicado a dispositivos rotativos, como centrifugadores, bombas centrífugas, controladores centrífugos e embraiagens centrífugas, bem como a caminhos-de-ferro centrífugos, órbitas planetárias e curvas inclinadas, quando analisados num sistema de coordenadas rotativas. O termo também tem sido por vezes utilizado para se referir à força centrífuga reactiva, que é uma reação a uma força centrípeta. A força centrífuga é uma força exterior que surge num referencial rotativo.[139] Não existe quando um sistema é descrito em relação a um referencial inercial. Todas as medições de posição e de velocidade devem ser efectuadas em relação a um referencial. Por exemplo, uma análise do movimento de um objeto num avião em voo pode ser efectuada em relação ao avião, à superfície da Terra ou mesmo ao Sol.[140] Um referencial que esteja em repouso (ou que se mova sem rotação e a velocidade constante) relativamente às "estrelas fixas" é geralmente considerado um referencial inercial. Qualquer sistema pode ser analisado num referencial inercial (e, portanto, sem força centrífuga). No entanto, é muitas vezes mais conveniente descrever um sistema em rotação utilizando um referencial rotacional - os cálculos são mais simples e as descrições mais intuitivas. Quando esta escolha é feita, aparecem forças fictícias, incluindo a força centrífuga.

(b) Componentes de armazenamento e destilação fraccionada

A destilação fraccionada é a separação de uma mistura nos seus componentes, ou fracções. Os compostos químicos são separados aquecendo-os a uma temperatura à

138 Dr. David Hanson "Damos vida aos robots", em http://www.hansonrobotics.com

139 Richard T. Weïdner e Robert L. Sells *Mechanics, mechanical waves, kinetic theory, thermodynamics* Allyn and Bacon (1973) p. 123, John Robert Taylor *Classical Mechanics.* Sausalito CA: University Science Books (2004) Capítulo 9, pp. 344 e Kobayashi, Yukio "Remarks on viewing situation in a rotating frame". *Jornal Europeu de Física* (2008) 29 (3) : 599-606.

140 David P. Stern "Frames of Reference: The Basics", *From Stargazers to Starships, Goddard Space Flight Center Space Physics Data Facility* (2006) Acedido em 20 de abril de 2017

qual uma ou mais fracções da mistura se vaporizam. A destilação é utilizada para o fracionamento. Em geral, os componentes têm pontos de ebulição que diferem entre si menos de 25°C à pressão de uma atmosfera. Se a diferença entre os pontos de ebulição for superior a 25°C, utiliza-se geralmente a destilação simples. A destilação fraccionada é a forma mais comum de tecnologia de separação utilizada em refinarias de petróleo, instalações petroquímicas e fábricas de produtos químicos.

instalações de processamento de gás natural e instalações criogénicas de separação de ar.[141] Na maioria dos casos, a destilação funciona continuamente. Está sempre a ser adicionada nova alimentação à coluna de destilação e os produtos estão sempre a ser removidos. A menos que o processo seja perturbado por alterações na alimentação, calor, temperatura ambiente ou condensação, a quantidade de alimentação adicionada e a quantidade de produto removido são normalmente iguais. Este processo é conhecido como destilação fraccionada contínua em estado estacionário. A destilação industrial é geralmente efectuada em grandes colunas cilíndricas verticais denominadas "torres de destilação ou de fracionamento" ou "colunas de destilação", cujo diâmetro varia entre cerca de 65 centímetros e 6 metros e a altura entre 6 metros e 60 metros ou mais. As torres de destilação têm saídas de líquido a intervalos regulares ao longo da coluna, permitindo a recolha de diferentes fracções ou produtos com diferentes pontos ou gamas de ebulição. Ao aumentar a temperatura do produto no interior das colunas, os diferentes hidrocarbonetos são separados. Os produtos mais leves (aqueles com os pontos de ebulição mais baixos) saem no topo das colunas e os produtos mais pesados (aqueles com os pontos de ebulição mais altos) saem no fundo.

(c) Componente de extração

Os nutrientes no solo devem ser dissolvidos em água para que as plantas os absorvam. Os nutrientes dissolvidos na água são absorvidos pelas raízes da planta por ação capilar. A água absorvida move-se para o caule e depois para as folhas. Os nutrientes são absorvidos pelo caule e pelas folhas onde são necessários. A teia alimentar do solo é um mundo subterrâneo excecionalmente complexo, e as plantas têm uma relação simbiótica com muitos destes organismos, trocando os hidratos de carbono que produzem sob a forma de exsudados por nutrientes, principalmente de bactérias e fungos. As suas raízes também absorvem certos nutrientes por osmose. Muitos organismos do solo participam no processo de mineralização através da decomposição da matéria orgânica.

As quantidades de nutrientes que os solos fornecem às culturas variam consideravelmente, sendo geralmente necessários correctivos, como fertilizantes ou estrume, para obter rendimentos elevados. A análise do solo é a melhor opção atualmente disponível para prever a quantidade e o tipo de nutrientes a fornecer a um campo específico. Embora os valores dos testes do solo tenham um elevado grau de

---

[141] Perry, Robert H.; Green, Don W. *Perry's Chemical Engineers' Handbook* McGraw-Hill (1984)

fiabilidade, muitos factores influenciam a sua eficácia na previsão das necessidades de aplicação de nutrientes. Os nutrientes são armazenados no solo numa variedade de formas orgânicas e inorgânicas complexas, cuja disponibilidade para a cultura varia. A análise do solo envolve a extração de amostras de solo utilizando uma solução química, seguida da quantificação dos nutrientes presentes na solução. A extração química é suposto refletir a quantidade de nutrientes disponíveis para a cultura. Na realidade, estas extracções têm uma capacidade limitada para simular os nutrientes disponíveis para as plantas em solos com características muito diferentes e o teste escolhido é um compromisso para uma vasta gama de combinações de solos, condições climáticas e culturas. Os testes de solo baseiam-se em correlações estatísticas e não numa relação biológica definida.[142]

Um nutriente essencial é um nutriente que o organismo não consegue sintetizar por si próprio - ou não consegue sintetizar em quantidade suficiente - e que tem de ser fornecido pela alimentação. Estes nutrientes são necessários para o bom funcionamento do organismo. Os seis nutrientes essenciais são os hidratos de carbono, as proteínas, as gorduras, as vitaminas, os minerais e a água. Os hidratos de carbono são a principal fonte de energia do cérebro.[143] Sem hidratos de carbono, o corpo não pode funcionar corretamente. As fontes de hidratos de carbono incluem a fruta, o pão e os cereais, os legumes ricos em amido e os açúcares. Pelo menos metade dos cereais que come devem ser integrais. Os cereais integrais e a fruta estão repletos de fibras, que reduzem o risco de doença coronária e ajudam a manter níveis normais de açúcar no sangue. As proteínas são o principal componente estrutural das células e são responsáveis pela construção e reparação dos tecidos do corpo. As proteínas são decompostas em aminoácidos, que são os blocos de construção das proteínas. A vitamina C é necessária para a síntese do colagénio, que estrutura os vasos sanguíneos, os ossos e os ligamentos. Os citrinos, os morangos e os pimentos são fontes ricas. O potássio mantém o volume de fluidos dentro e fora das células e evita o aumento excessivo da pressão arterial quando a ingestão de sódio é aumentada. As bananas, as batatas e os tomates são fontes ricas de potássio. O cálcio ajuda a manter e a construir ossos e dentes fortes. Coma três porções de alimentos ricos em cálcio por dia, incluindo leite, queijos magros e iogurtes. A água ajuda a manter a homeostase do organismo e transporta os nutrientes para as células. A água também ajuda a eliminar os resíduos do corpo. Todas as bebidas e alimentos com um elevado teor de água, como a sopa e a melancia, contêm água e estão incluídos nas necessidades diárias de água.

---

142 **C.G. Kowalenko, *Agriculture and Agri-Food Canada,* Agassiz, British Columbia, http://www.farmwest.com/node/942**

143 Amanda Hernandez "6 Essential Nutrients and Their Functions", em http://healthyeating.sfgate.com/6-essential -nutrients-functions -4877.html

(d) Cápsula eléctrica e eletrónica

Nas comunidades técnicas e de engenharia, os termos "elétrico" e "eletrónico" são frequentemente confundidos devido a um mal-entendido das distinções subtis mas significativas entre eles. É importante compreender a diferença, não só porque os dois termos têm significados diferentes, mas também devido à tendência para abstrair ou abreviar uma linguagem muito específica no decurso de uma conversa técnica. Um mal-entendido ou uma falha de comunicação com um engenheiro pode significar a diferença entre construir uma torradeira eléctrica e uma torradeira eletrónica. Os aparelhos eléctricos utilizam a energia da corrente eléctrica, o fluxo de electrões num condutor, e convertem-na de forma simples noutra forma de energia, normalmente luz, calor ou movimento. Um aparelho elétrico é um aparelho que utiliza diretamente a energia eléctrica para realizar uma tarefa. Os dispositivos electrónicos, por outro lado, vão muito mais longe. Em vez de se limitarem a converter a energia eléctrica em luz, calor ou movimento, os dispositivos electrónicos são concebidos para manipular a corrente eléctrica de forma a acrescentar-lhe informação significativa. Por exemplo, uma torradeira eletrónica utiliza os mesmos elementos de aquecimento, molas e grelhas de tostagem que uma torradeira eléctrica, mas pode incluir uma variedade de componentes mais complexos, como um painel de visualização eletrónico que informa sobre a evolução da tostagem ou um termóstato eletrónico que tenta manter o calor à temperatura certa. A eletrónica refere-se à tecnologia que funciona através do controlo do movimento dos electrões de uma forma que vai além das propriedades electrodinâmicas, como a tensão e a corrente. Regra geral, se um objeto utiliza a eletricidade simplesmente como energia, é elétrico. Se utiliza a eletricidade como meio de manipulação de informação, é definitivamente um dispositivo eletrónico. Os dispositivos eléctricos e electrónicos são constituídos por categorias diferentes mas que se sobrepõem. Em suma, todos os dispositivos electrónicos são também dispositivos eléctricos; são um subconjunto.[144]

A cápsula eletrónica está equipada com elementos de compensação da oxidação. A oxidação e a redução são reacções químicas que alteram o estado de oxidação dos átomos. Qualquer reação deste tipo envolve um processo de redução e um processo de oxidação complementar, dois conceitos-chave envolvidos nos processos de transferência de electrões. As reacções redox incluem todas as reacções químicas em que o estado de oxidação dos átomos é alterado; em geral, as reacções redox envolvem a transferência de electrões entre espécies químicas. A espécie química da qual o eletrão é retirado é considerada oxidada, enquanto a espécie química à qual o eletrão é adicionado é considerada reduzida. A oxidação é a *perda* de electrões ou o *aumento do* estado de oxidação de uma molécula, de um átomo ou de um ião. A

[144] "Aparelhos eléctricos e electrónicos: qual é a diferença? Em https://www.electronicproducts.com/Misc/Electrical_Devices_vs_Electronic_Devices_What_s_the_difference.aspx?id

redução é o *ganho de electrões* ou a *diminuição do estado de* oxidação de uma molécula, de um átomo ou de um ião.

O eletroquímico John Bockris utilizou a ferramenta

As palavras *electronização* e *deselectronização* descrevem, respetivamente, os processos de redução e oxidação quando ocorrem nos eléctrodos.[145] Os processos de oxidação e redução ocorrem simultaneamente e não podem ser independentes um do outro, como na reação ácido-base.[146] A oxidação isolada e a redução isolada são ambas chamadas *meias-reacções*, porque duas meias-reacções ocorrem sempre em conjunto para formar uma reação completa. Quando se escrevem meias-reacções, os electrões ganhos ou perdidos são normalmente incluídos de forma explícita para que a meia-reação seja equilibrada em termos de carga eléctrica.

(e) Cápsula mecânica

Integrada com a máquina, a eletricidade e o gás, a máquina de enchimento de cápsulas totalmente automática adopta um controlador programável por microcomputador, um painel tátil e um dispositivo eletrónico de contagem automática. Possui ação ágil, dosagem de enchimento precisa e operação conveniente. Pode efetuar automaticamente todo o processo, incluindo o posicionamento, a separação, o enchimento e o bloqueio das cápsulas. A máquina reduz efetivamente a intensidade do trabalho e melhora a eficiência da produção, cumprindo simultaneamente os requisitos das BPF.

(f) Tanque solar

Um dispositivo eletromecânico concebido para extrair nutrientes está equipado com um depósito solar para armazenar energia. A energia solar é a radiação produzida pelas reacções de fusão nuclear no coração do Sol. O Sol fornece a quase totalidade do calor e da luz recebidos pela Terra, garantindo o sustento de todos os seres vivos.[147] Como a radiação solar é uma fonte de energia intermitente, o excesso de energia solar produzido durante os períodos de sol deve ser armazenado. Os reservatórios isolados armazenam geralmente esta energia sob a forma de água quente. As baterias armazenam frequentemente o excesso de energia eléctrica produzida por sistemas eólicos ou fotovoltaicos. Uma possibilidade para o futuro é utilizar o excedente de eletricidade gerada por energia solar como fonte de reserva para as redes eléctricas existentes. No entanto, as incertezas económicas e de fiabilidade tornam este plano difícil de implementar. A energia nuclear é libertada quando os núcleos atómicos se separam ou se fundem. A energia de um sistema, seja ele físico, químico ou nuclear,

---

[145] Bockris, John O'M.; Reddy, Amulya K. N. (1970). *Modern Electrochemistry*. Plenum Press. pp. 352-3

[146] Haustein, Catherine Hinga (2014). K. Lee Lerner e Brenda Wilmoth Lerner, eds. *Redox reaction*. A Gale Encyclopedia of Science. *5ª edição*. Farmington Hills, MI: Gale Group.

[147] Microsoft ® Encarta ® 2009. 1993-2008 Microsoft Corporation

reflecte-se na capacidade do sistema de trabalhar ou de emitir calor ou radiação. A energia total de um sistema é sempre conservada, mas pode ser transferida para outro sistema ou mudar de forma.[148]

(g) Revestimento de ADN

O ácido desoxirribonucleico, ou ADN, é uma molécula que codifica a informação genética de todos os organismos vivos. O ácido desoxirribonucleico (ADN) é o material genético de todos os organismos celulares e da maioria dos vírus. O ADN transporta a informação necessária para dirigir a síntese e a replicação das proteínas. A síntese proteica é a produção de proteínas necessárias à atividade e ao desenvolvimento da célula ou do vírus. A replicação é o processo pelo qual o ADN se copia a si próprio para cada célula ou vírus descendente, transmitindo a informação necessária para a síntese de proteínas. Na maioria dos organismos celulares, o ADN está organizado em cromossomas localizados no núcleo da célula. Quando o ADN é sequenciado, os cientistas criam numerosas cópias de um fragmento de ADN de cadeia simples que será utilizado para sintetizar uma nova cadeia de ADN. Um número igual de cópias do fragmento é colocado em quatro tubos de ensaio diferentes para servir de modelo para a síntese de uma nova cadeia. A enzima DNA polimerase e os nucleótidos livres são adicionados a cada tubo de ensaio. Cada tubo de ensaio recebe também um tipo de nucleótido dideoxi - um nucleótido que se assemelha muito à adenina, guanina, timina ou citosina. Estes nucleótidos podem ligar-se à extremidade da nova cadeia de ADN complementar, mas não podem ligar-se a mais nada, pelo que a síntese da nova cadeia de ADN termina.[149]

Para extrair nutrientes do solo, é necessária uma cápsula com uma membrana interna enriquecida para a deposição de ADN. O revestimento de ADN é um processo pelo qual o ADN de plantas existentes é incorporado num material sensor implantado na membrana. Através deste processo, o ADN implantado é capaz de atrair nutrientes enriquecidos que incluem nutrientes específicos das plantas das quais o ADN é extraído e nutrientes associados externos ao ADN original. O processo de extração e implantação do ADN é necessário. O ADN encontra-se no núcleo de uma célula. Para extrair o ADN, são retiradas amostras de tecido das plantas e esmagadas para abrir as células. De seguida, adiciona-se uma solução de água salgada tamponada, na qual o ADN se dissolve facilmente. O ADN é purificado por adição de uma solução orgânica na qual se dissolvem outras moléculas, como gorduras e proteínas. A solução de ADN purificado é separada e o ADN é precipitado da solução por adição de álcool. O ADN apresenta-se então como uma cadeia sólida que pode ser extraída com um gancho. O ADN extraído é colocado em tubos de ensaio com uma solução tampão fraca e pode

148 Microsoft ® Encarta ® 2009. 1993-2008 Microsoft Corporation

149 David H. Kaye e George Sensabaugh, *Reference Guide on DNA Identification Evidence,* terceira edição (National Academy of Sciences)

ser armazenado quase indefinidamente. Durante as extracções de ADN, todo o ADN das células é extraído ao mesmo tempo. O ADN extraído foi geralmente cortado em pequenos pedaços como resultado do processo de trituração do tecido foliar. Este facto dificulta o isolamento de um cromossoma inteiro como uma única cadeia contínua. No entanto, este método permite a extração de pedaços grandes contendo várias dezenas de genes intactos. Uma vez isolado o ADN, os investigadores podem utilizá-lo para outros estudos laboratoriais, incluindo a engenharia genética.[150] A engenharia genética é o processo de adicionar ADN estranho ao genoma de um organismo.

A tecnologia necessária para a extração eletromecânica de nutrientes : Escala de Kardashev

Os processos electromecânicos de extração de nutrientes são complexos e requerem um elevado nível de tecnologia para explorar todo o potencial do dispositivo. Será que o dispositivo necessita de uma civilização avançada para funcionar corretamente? Será o nosso atual estádio de desenvolvimento científico suficiente para suportar um dispositivo tão complexo? Embora existam factos científicos que apoiam a ideia de que o nosso atual nível de progresso científico é suficiente para operar o dispositivo, é ainda necessário avaliar os níveis de energia e os atributos das civilizações avançadas. Uma fonte que nos vem imediatamente à mente é a escala de Kardashev para a produção de energia e civilização. A escala de Kardashev é um método para medir o nível de avanço tecnológico de uma civilização, com base na quantidade de energia que é capaz de utilizar para comunicar.[151] A escala tem três categorias, mas outros investigadores alargaram-na entretanto:

- Uma **civilização de Tipo I - também** conhecida como civilização planetária - pode utilizar e armazenar toda a energia que chega ao seu planeta a partir da sua estrela-mãe.
- Uma **civilização de Tipo II - também** conhecida como civilização estelar - pode aproveitar a energia total da estrela-mãe do seu planeta (o conceito hipotético mais popular é a esfera de Dyson - um dispositivo que englobaria toda a estrela e transferiria a sua energia para o(s) planeta(s)).
- Uma **civilização de Tipo III - também** conhecida como civilização galáctica - pode controlar a energia à escala de toda a galáxia que a acolhe.[152]

A escala é hipotética e diz respeito ao consumo de energia numa escala cósmica. Foi

---

150 Extração de ADN em http://passel.unl.edu/pages/informationmodule.php7i

151 Kardashev, Nikolai "Transmission of Information by Extraterrestrial Civilizations", *Soviet Astronomy,* 1964, 8: 217

152 Kardashev, Nikolai. "On the Inevitability and the Possible Structures of Supercivilizations", *The search for extraterrestrial life: Recent developments; Proceedings of the Symposium,* Boston, MA, June 18-21, 1984 (A86-38126 17-88). Dordrecht, D. Reidel Publishing Co. 1985, pp. 497-504.

proposta em 1964 pelo astrónomo soviético Nikolai Kardashev.

A civilização sub-global é aquela em que vivemos atualmente. Este tipo de civilização depende de fontes de combustíveis brutos e orgânicos, como a madeira, o carvão e o petróleo. Utilizamos também este tipo de combustível para a propulsão química dos nossos foguetões, o que torna as viagens espaciais lentas e difíceis. Estamos confinados ao nosso planeta e enfrentamos problemas ambientais, quer se trate de catástrofes naturais ou de problemas ligados às alterações climáticas. A boa notícia é que físicos como Michio Kaku acreditam que estamos prestes a evoluir para uma civilização de tipo 1, potencialmente no próximo século.[153]

(a) **Tipo 1: Uma sociedade global**

Uma civilização planetária é aquela que aproveitou toda a energia produzida pelo seu planeta natal - cerca de 100.000 vezes a quantidade de energia que nós podemos aproveitar. Nesta fase, esta civilização poderia controlar o clima do seu planeta e não seria afetada por problemas ecológicos. Os fenómenos naturais poderiam ser modificados e as cidades seriam provavelmente construídas onde a civilização quisesse, no meio do oceano, por exemplo.[154] Este é um passo em direção à imortalidade de uma civilização. No entanto, ser capaz de controlar toda a energia da Terra significaria também ser capaz de controlar todas as forças naturais. É difícil acreditar neste tipo de façanha, mas, em comparação com os avanços que se seguirão, estamos a falar de níveis de controlo básicos e primitivos (o que não é absolutamente nada comparado com as capacidades das sociedades de nível superior).[155] Em teoria, os humanos poderiam, no futuro, ter a capacidade de cultivar e colher uma série de fontes naturais de antimatéria.[156]

(b) **Civilização de tipo II: uma sociedade interplanetária**

Uma civilização estelar é alguns milhares de anos mais avançada do que nós. Uma sociedade deste nível seria capaz de aproveitar toda a energia da sua estrela local. É aqui que as coisas começam a ficar interessantes e a tecnologia a esta escala torna-se mais difícil de compreender. Um modelo teórico paralelo à escala de Kardashev foi desenvolvido por Freeman Dyson, que concebeu a esfera de Dyson com o mesmo nome. Ele formulou a sua teoria num artigo intitulado "*Search for Artificial Stellar Sources of Infrared Radiation", no qual* propôs a procura de radiação infravermelha que pudesse ser observada em civilizações que explorassem a energia da sua estrela

[153] Quando é que passaremos a uma civilização de tipo 1 na escala de Kardashev? Em *https://www.gaia.com/lp/content/kardashev-scale/June 27, 2017*

[154] Quando é que passaremos a uma civilização de tipo 1 na escala de Kardashev? Em *https://www.gaia.com/lp/content/kardashev-scaleZ/une 27, 2017*

[155] Jolene Creighton, The Kardashev Scale - Type I, II, III, IV & V Civilization at https://futurism.com/the- kardashev-scale-type-i-ii-iii-iv-v-civilization/

[156] Than, Ker "Antimatéria encontrada em órbita da Terra - a primeira". National Geographic News, (10 de agosto de 2011). .

usando uma esfera de Dyson. Dyson teorizou uma progressão de níveis a partir dos quais uma civilização poderia começar a extrair energia da sua estrela, desde um enxame de satélites até uma estrutura esférica completa que paira em torno da estrela e que pode ser habitada. Este método de extração controlada de energia de uma estrela chama-se "star lifting". [157]Civilizações desta escala teriam alcançado a imortalidade porque teriam a capacidade de mover planetas e outros corpos astronómicos dentro do seu sistema solar. Imaginem se pudéssemos bloquear um asteroide movendo Marte no seu caminho. Os gigantes gasosos mais próximos poderiam ser usados pelo seu hidrogénio, lentamente drenado da vida por um reator em órbita.[158]

- As civilizações de tipo II poderiam utilizar as mesmas técnicas que as civilizações de tipo I, mas aplicadas a um grande número de planetas num grande número de sistemas planetários.
- Uma esfera de Dyson ou enxame de Dyson e construções semelhantes são mega-estruturas hipotéticas originalmente descritas por Freeman Dyson como um sistema de satélites solares em órbita concebido para rodear completamente uma estrela e capturar a maior parte ou toda a sua energia.[159]
- Uma forma mais exótica de produzir energia utilizável poderia ser introduzir uma massa estelar num buraco negro e recolher os fotões emitidos pelo disco de acreção.[160] Uma forma menos exótica seria simplesmente capturar os fotões que já estão a escapar do disco de acreção, reduzindo o momento angular do buraco negro; isto é conhecido como o processo de Penrose.
- A extração de estrelas é um processo através do qual uma civilização avançada pode remover uma parte substancial da matéria de uma estrela de forma controlada para a utilizar para outros fins.
- A antimatéria é provavelmente um subproduto industrial de uma série de processos de engenharia em grande escala (como a criação de estrelas mencionada acima) e pode, portanto, ser reciclada.
- Em sistemas multi-estelares compostos por um número suficientemente grande de estrelas, a absorção de uma fração pequena mas significativa da produção de cada estrela.

---

[157] Quando é que passaremos a uma civilização de tipo 1 na escala de Kardashev? Em *https://www.gaia.com/lp/content/kardashev-scale/June 27, 2017*

[158] Jolene Creighton, *A escala de Kardashev - Tipos de civilização I, II, III, IV e V* em https://futurism.com/the-kardashev-scale-type-i-ii-iii-iv-v-civilization/

[159] Dyson, Freeman J. (1966). Marshak, R. E., ed. "The Search for Extraterrestrial Technology" *Perspectives in Modern Physics* Nova Iorque: John Wiley & Sons.

[160] Newman, Phil (2001-10-22). "Nova fonte de energia "arranca" energia da rotação do buraco negro". NASA. Arquivado do original em 2008-02-09. Acedido em 2008-02-19

(c) **Tipo III: Sociedade galáctica**

As civilizações desta escala são muito semelhantes às da *Guerra das Estrelas*. Estas civilizações teriam a capacidade de aproveitar a energia de qualquer estrela na sua galáxia - cerca de 10 biliões de vezes a energia aproveitada por uma civilização de nível 2. Nesta fase, uma civilização tão avançada estaria virtualmente a salvo da extinção, exceto numa catástrofe universal. Os habitantes de uma civilização tão avançada seriam muito provavelmente ciborgues ou seres totalmente artificiais. As capacidades de uma sociedade capaz de aproveitar tão grandes quantidades de energia seriam espantosas. Uma tal civilização poderia mesmo criar as suas próprias estrelas, fundir estrelas ou aproveitar a energia dos raios gama e dos quasares.[161] As civilizações galácticas chegariam provavelmente a um ponto, se é que já não chegaram, em que os buracos negros no centro das galáxias seriam considerados um recurso potencial. Depois de terem drenado a energia de milhares de milhões de estrelas, estas civilizações, que funcionam quase como buracos negros, poderiam explorar a energia libertada pelas singularidades supermassivas.

O Tipo III, em que uma espécie se torna um viajante galáctico e sabe tudo sobre energia, o que lhe permite tornar-se uma raça superior. No caso dos humanos, centenas de milhares de anos de evolução - tanto biológica como mecânica - podem tornar os habitantes desta civilização de Tipo III incrivelmente diferentes da raça humana tal como a conhecemos.[162]

i. Métodos de civilização de tipo III

As civilizações de tipo III poderiam utilizar as mesmas técnicas que as utilizadas por uma civilização de tipo II, mas aplicadas a todas as estrelas possíveis numa ou mais galáxias individualmente.[163]

- Poderão também ser capazes de aproveitar a energia libertada pelos buracos negros supermassivos que se pensa existirem no centro da maioria das galáxias.
- Os buracos brancos, a existirem, poderiam teoricamente fornecer grandes quantidades de energia através da recolha de matéria projectada para o exterior.
- A captação da energia das explosões de raios gama é outra fonte de energia teoricamente possível para uma civilização altamente avançada.

As emissões dos quasares podem ser facilmente comparadas com as de pequenas

---

[161] *Quando é que passaremos a uma civilização de tipo 1 na escala de Kardashev?* A *https://www.gaia.com/lp/content/kardashev-scale/Jwne 27, 2017*

[162] Jolene Creighton, *A escala de Kardashev - Tipos de civilização I, II, III, IV e V* em https://futurism.com/the-kardashev-scale-type-i-ii-iii-iv-v-civilization/

[163] Kardashev, Nikolai. "On the Inevitability and the Possible Structures of Supercivilizations", *The search for extraterrestrial life: Recent developments; Proceedings of the Symposium,* Boston, MA, June 18-21, 1984 (A86-38126 17-88). Dordrecht, D. Reidel Publishing Co. 1985, pp. 497-504.

galáxias activas e poderiam constituir uma enorme fonte de energia se pudessem ser recolhidas.

(d) **Tipo IV: Empresa universal**

A civilização do Tipo IV era "demasiado" avançada e não excedia o Tipo III na sua escala. Isto, pensou ele, deve ser o limite das capacidades de uma espécie. As civilizações do tipo IV estariam próximas de poder aproveitar o conteúdo energético de todo o universo e, graças a isso, seriam capazes de atravessar a expansão acelerada do espaço (além disso, raças avançadas destas espécies poderiam viver dentro de buracos negros supermassivos). [164]Para os métodos anteriores de produção de energia, este tipo de façanha é considerado impossível. Uma civilização de Tipo IV teria de explorar fontes de energia desconhecidas para nós, utilizando leis da física estranhas ou atualmente desconhecidas.

(e) **Implicações para a civilização**

Há muitos exemplos históricos em que a civilização humana passou por transições de grande escala, como a Revolução Industrial. A transição entre níveis da escala de Kardashev poderia potencialmente representar períodos de convulsão social igualmente dramática, uma vez que envolve a ultrapassagem dos limites estritos dos recursos disponíveis no território atual de uma civilização. A especulação comuml65 sugere que a transição do Tipo 0 para o Tipo I poderia envolver um risco significativo de auto-destruição, uma vez que, em alguns cenários, não haveria espaço para uma maior expansão no planeta natal da civilização, como no caso de uma catástrofe malthusiana. O uso excessivo de energia sem a remoção adequada do calor, por exemplo, poderia plausivelmente tornar o planeta de uma civilização que se aproxima do Tipo I inadequado para a biologia das formas de vida dominantes e para as suas fontes de alimento. É claro que estas especulações teóricas podem não se tornar problemas na realidade através da evolução ou aplicação de engenharia e tecnologia futuras. Além disso, quando uma civilização atinge o Tipo I, pode ter colonizado outros planetas ou criado colónias do tipo O'Neill, de modo a que o calor residual possa ser distribuído por todo o sistema planetário.

(f) **Controlo das micro-dimensões**

John D. Barrow, partindo do facto de os seres humanos terem achado mais rentável alargar a sua capacidade de manipular o seu ambiente em dimensões cada vez mais pequenas do que em dimensões cada vez maiores, inverte a classificação de Tipo 1-menos para Tipo Ómega-menos:

---

[164] Jolene Creighton, A escala de Kardashev - Tipos de civilização I, II, III, IV e V em https://futurism.com/the-kardashev-scale-type-i-ii-iii-iv-v-civilization/

- **O tipo I-minus** é capaz de manipular objectos à sua escala: construir estruturas, extrair minerais, juntar e partir sólidos;
- **O tipo Il-minus** é capaz de manipular os genes e modificar o desenvolvimento dos seres vivos, transplantando ou substituindo partes de si próprio, lendo e modificando o seu código genético;
- **O tipo Ill-minus** é capaz de manipular moléculas e ligações moleculares, criando novos materiais;
- **O tipo IV-minus** é capaz de manipular átomos individuais, criar nanotecnologias à escala atómica e criar formas complexas de vida artificial;
- **O tipo V-menos** é capaz de manipular o núcleo atómico e desenhar os nucleões que o compõem; [165]
- **O tipo Vi-minus** é capaz de manipular as partículas mais elementares da matéria (quarks e leptões) para criar uma complexidade organizada dentro de populações de partículas elementares, resultando em... ;
- **O tipo Omega-menos** é capaz de manipular a estrutura básica do espaço e do tempo.[166]

As forças e a teoria do Grand Unifié

Os físicos esperam que uma grande teoria unificada unifique as interacções forte, fraca e electromagnética. Foram propostas várias teorias unificadas, mas precisamos de dados para determinar qual destas teorias descreve a natureza.[167] Se for possível uma grande unificação de todas as interacções, então todas as interacções que observamos são aspectos diferentes da mesma interação unificada. A teoria da grande unificação (GUT) unifica, ou liga numa única interação de campo quântico, as três forças fundamentais não gravitacionais: o eletromagnetismo, a interação nuclear fraca e a interação nuclear forte. Cada uma destas três forças é caracterizada por uma constante de acoplamento, que dá a intensidade da interação, por um intervalo de ação da força (de longo alcance, como o eletromagnetismo, ou de curto alcance, como as duas forças nucleares) e por determinadas simetrias características, descritas por grupos de simetria matemáticos.[168] Uma GUT bem sucedida mostraria como as três

[165] Dyson, Freeman "Search for Artificial Stellar Sources of Infrared Radiation", *Science.* Nova Iorque: W. A. Benjamin, Inc (1960-06-03). 131 (3414) : 1667-1668

[166] Barrow, John *Impossibility: The Limits of Science and the Science of Limits.* OUP, 1998. p. 133

[167] "A aventura das partículas: os fundamentos da matéria e da força" em http://www.particleadventure.org/grand.html

[168] Collins, P. D. B. Martin, A.D.; e Squires, E. J. "Grand unified theories" in Particle *physics and Cosmology.* Nova Iorque: Wiley, 1989, Davies, Paul. "The new physics: a synthesis" in *The New Physics* ed. Paul Davies. Cambridge, Reino Unido: Cambridge University Press, 1989, Georgi, Howard "Grand unified theories" in *The New Physics*, ed. Paul Davies. Cambridge, Reino Unido: Cambridge University Press, 1989.

diferentes constantes de acoplamento se tornam idênticas a energias muito elevadas, integraria as simetrias das três interacções individuais num grupo de simetria muito maior e explicaria todas as massas, processos, acoplamentos, decaimentos, gamas e outros comportamentos de todas as partículas a energias mais baixas - abaixo da energia de unificação da GUT.[169] O atual Modelo Padrão da física de partículas, embora muito eficiente noutros aspectos, não nos permite atingir este objetivo. Além disso, há todas as razões para crer que uma explicação mais completa e adequada, descrevendo ligações profundas que até agora escaparam à nossa compreensão, aguarda um modelo GUT de elevado desempenho.[170]

Uma GUT exprimiria o facto de que, ao nível mais fundamental, todas as interacções não gravitacionais e todas as partículas, quarks, electrões e neutrinos, estão intimamente ligadas e, de facto, são idênticas acima da energia de unificação.[171] A construção de uma teoria GUT é um passo essencial para a unificação total, que incluiria também a gravidade. Há todas as razões para crer que todas as interacções físicas fundamentais estão intimamente ligadas e podem ser unificadas. A teoria das supercordas combina a teoria das cordas e a supersimetria. A teoria das cordas propõe que os componentes fundamentais da matéria são entidades unidimensionais (linhas) chamadas "cordas", em vez de pontos. A forma como as cordas vibram e rodam explicaria muitas propriedades de partículas como os protões e os electrões, embora as próprias cordas sejam muito mais pequenas do que estas partículas elementares. A supersimetria é uma teoria matemática desenvolvida como parte das teorias da grande unificação da física. A supersimetria sugere que cada tipo de partícula conhecida deve ter um parceiro supersimétrico, que ainda não foi descoberto. A contraparte hipotética do eletrão seria o selectrão, por exemplo, e a contraparte hipotética do fotão seria o fotino.[172]

A teoria de tudo é um quadro teórico que, se descoberto, forneceria uma descrição unificada de todas as forças da natureza. Estas forças, também conhecidas como *interacções,* são a gravitação, o eletromagnetismo, a força forte e a força fraca. A TOE poderia explicar porque é que as leis da física são o que são. Steven Weinberg argumentou que uma teoria de tudo seria logicamente isolada, o que significa que não poderia ser alterada sem ser destruída.[173] A história da física sugere que essa teoria

---

169 Bailin, David, e Love, Alexander "Grand unified theory" in *Introduction to Gauge Field Theory, rev.* edition Bristol, UK, and Philadelphia: Institute of Physics, 1993, Borner, Gerhard. "Grand unification schemes" in *The Early Universe: Facts and Fiction,* 3ª edição Berlim, Heidelberg e Nova Iorque: Springer-Verlag, 1993

170 Guth, Alan, e Steinshardt, Pau. "The inflationary universe" in *The New Physics, ed.* Paul Davies Cambridge, UK: Cambridge University Press, 1989, Kaku, Michio. "Gauge Field Theories" in *Quantum Unified Theory: A Modern Introduction.* Nova Iorque e Oxford: Oxford University Press, 1993

171 "Grand Unified Theory" na *enciclopédia de ciência e religião, no* seguinte endereço https://www.encyclopedia.com/science-and-technology/astronomy-and-space-exploration/astronomy-general/grand-unified-theory

172 **Microsoft ® Encarta ® 2009 © 1993-2008 Microsoft Corporation**

173 Microsoft ® Encarta ® 2009

final é possível. É a teoria que descreve a realidade ao nível das partículas elementares e das forças entre elas, e que nos ajuda a compreender a natureza da substância material. O termo refere-se principalmente ao desejo de conciliar os dois principais quadros físicos comprovados, a relatividade geral, que descreve a gravidade e a estrutura em grande escala do espaço-tempo, e a teoria quântica dos campos, em particular tal como implementada no Modelo Padrão, que descreve a estrutura em pequena escala da matéria, incorporando simultaneamente as três outras forças não gravitacionais, nomeadamente as interacções fraca, forte e electromagnética.[174]

A teoria da gravitação formulada por Isaac Newton em 1687 fornece uma descrição unificada do movimento da lua e da queda de uma maçã. Do mesmo modo, a teoria do eletromagnetismo unificou os fenómenos eléctricos, magnéticos e ópticos. Steven Weinberg e o físico paquistanês Abdus Salam formularam independentemente a *teoria electrofraca,* que unifica a interação fraca e a interação electromagnética utilizando uma técnica matemática conhecida como *simetria de calibre. As* teorias da grande unificação atualmente em estudo pelos físicos apontam para uma nova unificação da interação electrofraca e da interação forte.[175]

A gravitação é a força de atração entre todos os objectos que tende a aproximá-los. É uma força universal que afecta objectos grandes e pequenos, e todas as formas de matéria e energia. A gravitação rege o movimento dos corpos astronómicos. Mantém a Lua em órbita à volta da Terra e mantém a Terra e os outros planetas do sistema solar em órbita à volta do Sol. Também rege o movimento das estrelas e abranda a expansão de todo o Universo devido à atração das galáxias por outras galáxias. O termo *"gravitação"* refere-se à força em geral, e o termo *"gravidade"* à atração da Terra.[176] A gravitação desempenha um papel essencial na maioria dos processos que ocorrem na Terra. As marés
são devidos à atração gravitacional da lua e do sol sobre a terra e os seus oceanos. A gravitação afecta os padrões climáticos, fazendo com que o ar frio se afunde e deslocando o ar quente menos denso, forçando o ar quente a subir. A atração gravitacional da Terra sobre todos os objectos mantém-nos à superfície da Terra. Sem ela, a rotação da Terra fá-los-ia flutuar no espaço.

No início do século XX, Albert Einstein formulou uma teoria mais precisa, designada por relatividade geral. Os cientistas reconhecem que mesmo esta teoria não descreve adequadamente o funcionamento da gravitação em determinadas circunstâncias e continuam a procurar uma teoria melhorada.[177] A teoria da relatividade, desenvolvida por Einstein, é a base da subsequente demonstração pelos

---

174 http://en.wikipedia.org/wiki/Theory_of_everything

175 Microsoft ® Encarta ® 2009

176 Price, Richard H. "Gravitação". Microsoft® Encarta® 2009 [DVD] Redmond, WA: Microsoft Corporation, 2008

177 Price, Richard H. "Gravitação". Microsoft® Encarta® 2009 [DVD] Redmond, WA: Microsoft Corporation, 2008

físicos da unidade essencial da matéria e da energia, do espaço e do tempo e das forças da gravidade e da aceleração.[178] Einstein desenvolveu a teoria geral da relatividade, na qual considerou objectos acelerados uns em relação aos outros.

Em 1915, Einstein formulou uma nova teoria da gravitação que conciliava a força gravitacional com os requisitos da sua teoria da relatividade especial. Propôs que os efeitos gravitacionais se movessem à velocidade de *c*. Chamou a esta teoria relatividade geral para a distinguir da relatividade especial, que só se aplica quando não existe força gravitacional. A relatividade geral produz previsões muito próximas das da teoria de Newton na maioria das situações familiares, como a órbita da lua em torno da Terra. No entanto, a teoria de Einstein difere da de Newton na medida em que descreve a gravitação como uma curvatura do espaço e do tempo.[179] Na sua teoria geral da relatividade, Einstein propôs que o espaço e o tempo fossem combinados numa única geometria tetradimensional composta por três dimensões espaciais e uma dimensão temporal. [180]

Desenvolveu esta teoria para explicar os conflitos entre as leis da relatividade e a lei da gravidade. Para resolver estes conflitos, desenvolveu uma abordagem inteiramente nova do conceito de gravidade, baseada no princípio da equivalência.[181] O princípio da equivalência significa que as forças produzidas pela gravidade são, em todos os pontos, equivalentes às forças produzidas pela aceleração, de modo que é teoricamente impossível distinguir entre forças gravitacionais e forças de aceleração através de experiências.[182] De acordo com Einstein, nenhum objeto particular no universo pode servir como um quadro de referência absoluto em repouso em relação ao espaço. Qualquer objeto é um quadro de referência apropriado e o movimento de qualquer objeto pode ser relacionado com esse quadro.[183] Consequentemente, é igualmente correto dizer que um comboio passa pela estação ou que a estação passa pelo comboio. A estação também se move como resultado da rotação da Terra sobre o seu eixo e da sua revolução em torno do Sol. Segundo Einstein, todo o movimento é relativo. Os pressupostos básicos de Einstein não eram evolutivos. Newton já tinha afirmado que "o repouso absoluto não pode ser determinado a partir da posição dos corpos nas nossas regiões".[184] Sabemos que o universo é influenciado por quatro

---

[178] Bornstein, Lawrence A. "Relatividade". Microsoft® Encarta® 2009 [DVD] Redmond, WA: Microsoft Corporation, 2008

[179] Price, Richard H. "Gravitação". Microsoft® Encarta® 2009 [DVD] Redmond, WA: Microsoft Corporation, 2008

[180] Price, Richard H. "Gravitação". Microsoft® Encarta® 2009 [DVD] Redmond, WA: Microsoft Corporação, 2008

[181] ibid

[182] ibid

[183] Price, Richard H. "Gravitação". Microsoft® Encarta® 2009 [DVD] Redmond, WA: Microsoft Corporation, 2008

[184] Bornstein, L. A. "Relatividade". Microsoft® Encarta® 2009 [DVD] Redmond, WA: Microsoft Corporation, 2008

forças.

Foi o filósofo John Dewey que disse um dia que "cada avanço na ciência é fruto de uma nova ousadia da imaginação". Esta afirmação foi ilustrada por uma série de grandes descobertas científicas graças à introdução de abordagens ou conceitos esotéricos para resolver certos problemas difíceis na maioria dos domínios de estudo. Por exemplo, é bem sabido que o problema que levou ao nascimento da física quântica foi a introdução da ideia revolucionária de quantificação por Max Planck para formular a lei da radiação do corpo negro, o que não era possível com uma ideia clássica bem estabelecida. Outro exemplo é o desenvolvimento inicial da mecânica quântica relativista para o eletrão, em que a teoria de Klein-Gordon foi considerada a melhor possível pela maioria dos investigadores contemporâneos neste domínio, apesar de existirem discrepâncias entre esta e o princípio geral da mecânica quântica, tais como a sua densidade de probabilidade definida não positiva e a presença de simetria entre energias negativas e positivas. Ao introduzir quantidades com dois valores, hoje conhecidas como espinores, para se libertar dos tensores que considerava inadequados para desenvolver uma teoria quântica relativista, Dirac obteve a sua famosa teoria do eletrão relativista.

Segundo ele, "as pessoas que estavam demasiado familiarizadas com os tensores não foram capazes de se separar deles e pensar em algo mais geral, e eu só fui capaz de o fazer porque estava mais ligado ao princípio geral da mecânica quântica do que aos tensores..... Deve-se ter sempre cuidado para não se ficar demasiado ligado a uma determinada linha de pensamento". Em geral, as teorias da grande unificação propõem-se unificar todas as forças conhecidas na natureza, como os quatro principais campos de forças, nomeadamente a gravitação, o eletromagnetismo, as forças fortes e as forças fracas. Por outras palavras, estas teorias podem explicar quase todas as formas conhecidas de matéria e força, e possivelmente aquelas que ainda não são conhecidas, concebíveis ou inconcebíveis. Alguns físicos acreditam que a realização de uma tal Teoria de Tudo (TOE) levará ao fim da física, ou pelo menos ao princípio do fim, porque agora podemos explicar todos os fenómenos e todas as leis da física.

Historicamente, os gregos foram os primeiros a propor que todos os fenómenos naturais podiam ser explicados por quatro "elementos": fogo, terra, ar e água. Os gregos postularam então a ideia do átomo como o mais pequeno elemento indivisível da matéria. Verificou-se que este átomo constituía uma estrutura, uma vez que era composto por um eletrão, um protão e um neutrão. Embora o protão e o neutrão tenham, por sua vez, a sua própria estrutura interna, por serem partículas mais pequenas, as quatro forças fundamentais conhecidas na natureza, a saber, a força electromagnética, a força forte, a força fraca e a força gravitacional, podem ser analisadas a partir dos constituintes do átomo: a força electromagnética é a que existe entre o eletrão e o protão, a força forte é a que existe entre o protão e o neutrão, a força fraca é a que existe entre pares de protões e neutrões e a força gravitacional é a que existe entre qualquer um destes fragmentos de matéria.

A motivação para unir as quatro forças veio da unificação desordenada das forças originalmente separadas da eletricidade e do magnetismo numa força electromagnética. Em termos científicos, Albert Einstein iniciou a procura de uma teoria unificada dos campos de força quando tentou, sem sucesso, incorporar o eletromagnetismo na sua teoria da relatividade geral. Como é agora bem conhecido nos manuais escolares, o quadro matemático de Einstein para a sua teoria da relatividade especial é o grupo de Lorentz das transformações lineares de coordenadas e, ao generalizar estas transformações para incluir casos não lineares, conseguiu estabelecer o quadro matemático da teoria da relatividade geral. Foi através desta metodologia de transformação de coordenadas gerais que Einstein tentou unificar os campos de forças electromagnéticas e gravitacionais. Consequentemente, a maioria dos outros investigadores que se lançaram na busca de um campo de forças unificado adoptaram a metodologia de Einstein ou modificações da mesma. No entanto, o Professor Oyibo tem uma visão mais ampla de alguns dos trabalhos anteriores nesta busca e o que ele agora concebe como GUT é que se trata de um "conjunto de equações matemáticas fisicamente sólidas ou credíveis a partir das quais se pode determinar ou formular a teoria de um grande campo de forças unificado que inclui as quatro forças conhecidas no universo, nomeadamente a força gravitacional, a força electromagnética e a força nuclear das forças forte e fraca, bem como outras forças que podem ainda não ter sido descobertas".

Para obter este conjunto de equações, Oyibo modelou o problema da seguinte forma: A caraterística mais fundamental do Universo é o movimento. Esta caraterística fundamental do Universo pode ser deduzida do facto de o Universo material ser constituído por átomos compostos por electrões que giram perpetuamente em torno do núcleo atómico, bem como dos movimentos dos planetas, dos sistemas solares e das galáxias, etc. Isto permite-nos compreender que o Universo é fundamentalmente caracterizado pelo movimento. Isto permite-nos compreender que o universo é essencialmente caracterizado pelo movimento. Consequentemente, dado que o movimento só pode ser proporcionado pela força, o universo pode ser considerado como um grande campo de forças".[185]

A fusão destas teorias acelera o processo de realização da viabilidade do dispositivo eletromecânico; no entanto, nada indica que o dispositivo não possa funcionar sem a fusão da teoria e da prática.

185 Oyibo, Gabriel A., "Generalized mathematical proof of Einstein's theory using a new group theory, Problems of Nonlinear Anaylsis in Engineering systems", *An International Russian Journal* Vol.2 (1995), Oyibo, Gabriel A., "Generalized mathematical proof of Einstein's theory using a new group theory", *Nova J. Math. Game Theory Algebra* Vol. 4 No.1 (1996), 1-24 e Oyibo, Gabriel A., Generalized *mathematical proof of Einstein's theory using a new group theory, Applied Mathematics: Methods and Applications* (1995)

Poder dos nutrientes extraídos artificialmente

(a) Super humanidade

A imortalidade biológica é a ausência de envelhecimento. Mais precisamente, é a ausência de um aumento sustentado da taxa de mortalidade em função da idade cronológica. Uma célula ou um organismo que não envelhece, ou que pára de envelhecer num determinado momento, é biologicamente imortal. Os biólogos escolheram a palavra imortal para designar as células que não estão limitadas pelo limite de Hayflick, em que as células deixam de se dividir devido a danos no ADN ou a telómeros encurtados. A primeira linha de células imortais, que continua a ser a mais utilizada, foi a linha HeLa, desenvolvida a partir de células retiradas do tumor cervical maligno de Henrietta Lacks sem o seu consentimento, em 1951. Antes dos trabalhos de Leonard Hayflick em 1961, Alexis Carrel acreditava erradamente que todas as células somáticas normais eram imortais. Ao impedir o envelhecimento das células, é possível obter a imortalidade biológica; pensa-se que os telómeros, uma "capa" na extremidade do ADN, são a causa do envelhecimento celular. Cada vez que uma célula se divide, o telómero torna-se um pouco mais curto; quando finalmente se esgota, a célula é incapaz de se dividir e morre. A telomerase é uma enzima que reconstrói os telómeros nas células estaminais e nas células cancerosas, permitindo-lhes replicar-se um número infinito de vezes.[186] Nenhum trabalho definitivo demonstrou ainda que a telomerase pode ser utilizada em células somáticas humanas para impedir o envelhecimento de tecidos saudáveis. Os cientistas esperam também poder cultivar órgãos utilizando células estaminais, o que tornaria possível efetuar transplantes de órgãos sem o risco de rejeição, mais um passo para aumentar a esperança de vida humana. Estas tecnologias são objeto de investigação em curso e ainda não foram postas em prática.[187]

A imortalidade tecnológica é a perspetiva de uma duração de vida muito mais longa, possibilitada pelos avanços científicos em vários domínios: nanotecnologias, procedimentos de urgência, genética, engenharia biológica, medicina regenerativa, etc. medicina, microbiologia e outros. Nas sociedades industriais avançadas, a esperança de vida é já significativamente mais longa do que no passado, devido a uma melhor nutrição, à disponibilidade de cuidados de saúde, ao nível de vida e aos avanços científicos biomédicos. A imortalidade tecnológica prevê novos progressos a curto prazo, pelas mesmas razões. Um aspeto importante do atual pensamento científico sobre a imortalidade é que uma combinação de clonagem humana, criogenia ou

[186] Lin Kah Wai "Telómeros, Telomerase, e Tumorigénese - Uma Revisão". *MedGenMed* (18 de abril de 2004) 6 (3) : 19

[187] "Novas perspectivas para o cultivo de órgãos de substituição humanos em animais" *nytimes.com. Recuperado em março 3, 2018*

nanotecnologia desempenhará um papel essencial no prolongamento extremo da vida. O teórico da nanorrobótica Robert Freitas sugere que poderiam ser criados minúsculos nanorrobôs médicos para viajar através das correntes sanguíneas humanas, encontrar elementos perigosos, como células cancerígenas e bactérias, e destruí-los.[188] Freitas prevê que as terapias genéticas e as nanotecnologias acabarão por tornar o corpo humano autossuficiente e capaz de viver indefinidamente no espaço vazio, exceto em caso de traumatismo cerebral grave. Isto confirma a teoria de que seremos capazes de criar continuamente peças sobresselentes biológicas ou sintéticas para substituir as que estão danificadas ou a morrer. Os futuros avanços da nanomedicina poderão permitir prolongar a vida através da reparação de muitos dos processos considerados responsáveis pelo envelhecimento. K. Eric Drexler, um dos fundadores da nanotecnologia, propôs no seu livro Engines of Creation (1986) dispositivos de reparação celular, incluindo dispositivos que funcionam no interior das células e que utilizam máquinas biológicas ainda hipotéticas. O futurologista e transhumanista Raymond Kurzweil afirmou no seu livro The *Singularity Is Near* que acreditava que a nanorobótica médica avançada poderia inverter completamente os efeitos do envelhecimento até 2030.[189]

A criónica, a prática de preservar organismos (espécimes intactos ou apenas os seus cérebros) para uma possível ressuscitação futura, armazenando-os a temperaturas criogénicas em que o metabolismo e a decomposição são quase completamente interrompidos, pode proporcionar uma "pausa" para aqueles que sentem que as tecnologias de prolongamento da vida não se desenvolverão suficientemente durante a sua vida. Idealmente, a criónica permitiria que pessoas clinicamente mortas fossem trazidas de volta à vida no futuro, quando fossem descobertos tratamentos para as doenças dos pacientes e o envelhecimento fosse reversível. Os procedimentos modernos de criónica utilizam um processo chamado vitrificação, que cria um estado semelhante ao do vidro, em vez de congelar, quando o corpo é levado a baixas temperaturas. Este processo reduz o risco de os cristais de gelo danificarem a estrutura celular, o que seria particularmente prejudicial para as estruturas celulares do cérebro, cuja sintonia fina evoca a mente do indivíduo.

Shelly Kagan defende que qualquer forma de imortalidade humana seria indesejável. O argumento de Kagan assume a forma de um dilema. Ou as nossas personagens permanecem essencialmente as mesmas numa vida após a morte imortal,

---

188 Robert A. Freitas Jr, *Microbivores: Artificial Mechanical Phagocytes using Digest and Discharge Protocol,* auto-publicado, 2001

189 Kurzweil, Ray *The Singularity Is Near [A Singularidade Está Próxima]*. Nova Iorque: Viking Press (2005).

ou não. Se as nossas personagens permanecerem essencialmente as mesmas, acabaremos por ficar aborrecidos, após um período de tempo infinito, e acharemos a vida eterna insuportavelmente aborrecida. Se, por outro lado, as nossas personagens forem radicalmente alteradas - por exemplo, se Deus apagar periodicamente as nossas memórias ou nos der cérebros de rato que nunca se cansam de certos prazeres simples - então essa pessoa seria demasiado diferente do nosso eu atual para que nos importássemos muito com o que lhe acontecesse. Em qualquer caso, segundo Kagan, a imortalidade não é atractiva. A melhor solução, segundo Kagan, seria que os seres humanos vivessem o tempo que quisessem e depois aceitassem a morte com gratidão, uma vez que ela nos livra do insuportável tédio da imortalidade.[190]

Se os seres humanos conseguissem alcançar a imortalidade, as estruturas sociais do mundo iriam provavelmente mudar. Os sociólogos dizem que a consciência que as pessoas têm da sua própria mortalidade molda o seu comportamento.[191] Com o avanço da tecnologia médica para prolongar a vida humana, poderá ser necessário refletir seriamente sobre as futuras estruturas sociais. Já estamos a viver uma mudança demográfica global, com populações cada vez mais envelhecidas e taxas de substituição mais baixas. As mudanças sociais que estão a ocorrer para se adaptarem a esta nova evolução populacional podem fornecer informações valiosas sobre a possibilidade de uma sociedade imortal.

(b) Terapia cognitiva e helioterapia

O dispositivo pode melhorar a terapia cognitiva e a eficácia da helioterapia. A fotossíntese é exclusiva das plantas. No entanto, nesta investigação, o foco não está no processo normal tal como é vivido pelas plantas, mas na possibilidade de uma máquina capaz de utilizar os benefícios da fotossíntese através do processo de remediação solar e de extrair suplementos nutricionais e medicinais do solo. Este processo pode ser utilizado mecanicamente para melhorar a terapia cognitiva. A remediação cognitiva tem por objetivo
melhorar as capacidades neurocognitivas, como a atenção, a memória de trabalho, a flexibilidade cognitiva e o planeamento, bem como o funcionamento executivo, melhorando assim o funcionamento psicossocial. Em termos estritos, a RC é um conjunto de exercícios cognitivos ou intervenções compensatórias concebidas para melhorar o funcionamento cognitivo. No entanto, na perspetiva do campo da reabilitação, a RC envolve o participante numa atividade de aprendizagem destinada a melhorar as competências neurocognitivas relevantes para os objectivos globais de

---

190 Shelly Kagan, *Death [Morte]*. New Haven: Yale University Press, 2012, pp. 238-46.
191 Dossey, Larry; In: Explore: The Journal of Science & Healing; Mar/Abr2017; v.13. n.2, 81-87. 7p. (editorial)

recuperação. [192]Os programas de RC variam na medida em que reflectem estas perspectivas mais restritas ou mais amplas, estando em curso investigação para identificar os ingredientes activos que conduzem a uma resposta positiva ao tratamento. As evidências sugerem que, quando a remediação cognitiva é oferecida a pessoas com esquizofrenia, é mais eficaz quando é aplicada no contexto mais alargado da reabilitação psicossocial.[193] Recentemente, a atenção centrou-se na incorporação de melhorias motivacionais no tratamento da disfunção cognitiva relacionada com perturbações psicológicas.[194]

A remediação cognitiva refere-se a métodos não farmacológicos para melhorar a função cognitiva em pessoas com perturbações mentais graves. A terapia de remediação cognitiva (TRC) pode ser efectuada através de programas informatizados de duração e complexidade variáveis, ou pode ser realizada individualmente por um clínico qualificado. A remediação cognitiva tem suscitado um interesse considerável, devido ao reconhecimento de que os défices cognitivos são um fator determinante dos resultados em pessoas com doença mental crónica grave. A reabilitação cognitiva tem-se revelado eficaz, especialmente quando combinada com a reabilitação profissional.[195] Segundo a American Cancer Society, há provas de que a terapia com luz ultravioleta pode ser eficaz no tratamento de certos tipos de cancro da pele, e a terapia com irradiação ultravioleta do sangue está estabelecida para esta aplicação. No entanto, outras utilizações da luz para o tratamento do cancro - terapia com luz e terapia com luz colorida - não são apoiadas por provas.[196] A terapia fotodinâmica (que utiliza frequentemente luz vermelha) é utilizada para tratar certos cancros de pele superficiais não melanoma.[197]

(c) Eugenia, mente sintética e drogas para a mente sintética

A eugenia é um movimento que visa melhorar a composição genética da raça humana. Historicamente, os eugenistas defendiam a reprodução selectiva para atingir estes objectivos. Atualmente, dispomos de tecnologias que permitem modificar mais diretamente a composição genética de um indivíduo. No entanto, as opiniões divergem

---

[192] Medalia, A. Saperstein A. "O papel da motivação no sucesso do tratamento". *Esquizofrenia Boletim* (2011). **37** (suppl 2): S122-S128

[193] McGurk, SR; Twamley, EW; Sitzer, DI; McHugo, GJ; Mueser, KT (2007). "Uma meta-análise da remediação cognitiva na esquizofrenia". *American Journal of Psychiatry.* **164** (12): 1791-1802, Wykes, T. et al "A meta-analysis of cognitive remediation for schizophrenia: Methodology and effect tamanhos". *American Journal ofPsychiatry* (2011) **168** (5) : 472-485

[194] Medalia A. Saperstein A. (2011). "O papel da motivação no sucesso do tratamento" *Boletim da Esquizofrenia* **37** (suppl 2): S122-S128

[195] Cherrie Galletly e Ashlee Rigby, "An Overview of Cognitive Remediation Therapy for People with Severe Mental Illness", *ISRNRehabilitation* Volume 2013 (2013).

[196] *"Terapia da luz". Sociedade Americana do Cancro. 14 de abril de 2011. Arquivado do original* em *2015-02-12.* Acedido em 201309-08.

[197] Morton, C.A. et al "Guidelines for topical photodynamic therapy: report of a workshop of the British Photodermatology Group" *British Journal of Dermatology* (abril de 2002). **146** (4) : 552-567

quanto à melhor (e ética) forma de utilizar esta tecnologia. [198]"A síntese mental envolve a sincronização de conjuntos neuronais independentes" Imagine uma maçã num golfinho. Visualizar esta nova imagem na sua mente envolve uma síntese deliberada de duas imagens mentais familiares armazenadas no seu cérebro. Chamemos a este processo síntese mental. A síntese mental é um elemento-chave daquilo a que chamamos vulgarmente "imaginação", juntamente com outros elementos como a simples recordação, a intuição espontânea, o sonho e a alucinação. A síntese mental é uma das componentes menos compreendidas da imaginação, mas também uma das mais interessantes, pois está na origem de um grande número de características humanas, como o planeamento mental, a modelação e a engenharia. Os seres humanos são capazes de criar e inspecionar, de forma voluntária e deliberada, uma gama aparentemente infinita de imagens novas no olho da mente, mas o processo neurológico subjacente a esta capacidade humana essencial não é bem compreendido. Embora seja geralmente aceite que a capacidade de imaginar um novo objeto ou conceito é uma caraterística humana única e distintiva, pouco se sabe sobre o mecanismo neurológico que lhe está subjacente. O neurocientista Andrey Vyshedskiy propôs uma experiência simples para testar se a capacidade de imaginar um objeto novo envolve a sincronização de grupos de neurónios, conhecidos como conjuntos neuronais. Dado que o processo envolve a combinação mental de imagens, cenas ou conceitos familiares, o Dr. Vyshedskiy propõe chamar a este processo "síntese mental".

Andrey Vyshedskiy e Rita Dunn propõem uma experiência que utiliza os métodos atualmente disponíveis para isolar "neurónios-objeto" no cérebro humano. O Dr. Vyshedskiy propõe alargar este paradigma experimental isolando dois neurónios-objeto quaisquer e monitorizando a sua atividade neural quando estes dois objectos são imaginados em conjunto pela primeira vez. Se for possível identificar dois neurónios-objeto que disparam apenas quando um determinado objeto é imaginado, a experiência em curso visa medir a atividade de disparo quando esses dois objectos são imaginados em conjunto. De acordo com esta teoria da síntese mental, o cérebro do sujeito desencadeará um aumento da taxa de excitação dos dois neurónios-objeto e, mais importante ainda, ocorrerá uma sincronização das suas actividades. "A compreensão dos fundamentos da síntese mental pode esclarecer a evolução do cérebro em geral e a evolução da linguagem em particular". A primeira referência à síntese mental encontra-se na tese de doutoramento de SJ Rowton, escrita em 1864. Parafraseando a descrição de Cícero da natureza que só pode ser unificada na mente de alguém, SJ Rowton escreveu: "... só pode haver uma coisa por uma síntese mental de muitas coisas ou partes...".[199]

---

198 Andrey Vyshedskiy e Rita Dunn em *Research Ideas & Outcomes* Publicado online a 29 de dezembro de 2015 doi:10.3897/rio.1.e7642

199 *Row ton, Samuel James On the Inseparable Co-operation of Sense and Intellect for Arriving at Cognitions (1864).*

O registo de eléctrodos implantados no cérebro de pacientes que sofrem de epilepsia refractária permite testar a hipótese de que a síntese mental, o fenómeno neurológico que está na base da maior parte da criatividade e da imaginação humanas, envolve a sincronização de conjuntos neuronais independentes. A realização técnica desta experiência seria difícil, mas não impossível. Implicaria identificar, num determinado doente, os múltiplos neurónios que disparam em resposta a objectos específicos (como já foi feito em muitas experiências anteriores) e, em seguida, pedir ao doente que gerasse com êxito uma imagem estável desses objectos incorporados no seu olho mental. A importância de uma tal experiência não pode ser exagerada. Dado que a síntese mental é provavelmente uma faculdade exclusivamente humana, a compreensão do mecanismo neurológico da síntese mental ajudar-nos-á a compreender como evoluiu esta capacidade e, consequentemente, a lançar luz sobre a evolução humana em geral e a evolução da linguagem em particular.[200]

A teoria baseia-se numa questão simples mas fundamental: o que acontece neurologicamente quando dois objectos nunca vistos juntos (por exemplo, uma maçã em cima de uma baleia) são imaginados juntos pela primeira vez? Os cientistas concordam que um objeto familiar, como uma maçã ou uma baleia, é representado no cérebro por milhares de neurónios espalhados pelo córtex posterior. Quando vemos ou recordamos esse objeto, os neurónios do conjunto neural desse objeto tendem a ativar-se de forma síncrona e ressonante. O mecanismo de ligação do conjunto neural, baseado no princípio de Hebbian de que "os neurónios que disparam juntos disparam juntos", é conhecido como a hipótese da ligação síncrona. No entanto, embora o princípio de Hebbian explique como percebemos um objeto familiar, não explica o número infinito de novos objectos que os seres humanos podem imaginar voluntariamente. Os conjuntos neuronais que codificam estes objectos não podem entrar espontaneamente em atividade sincronizada, uma vez que as partes que formam estas novas imagens nunca foram vistas em conjunto. O autor argumenta que, para explicar a imaginação, a hipótese da ligação de sincronização deve ser alargada de modo a incluir o fenómeno da síntese mental, através do qual o cérebro sincroniza ativa e intencionalmente conjuntos neurais independentes numa imagem morfemática. Desta forma, o conjunto neural da maçã é sincronizado com o conjunto neural da baleia, e os dois objectos díspares são percepcionados em conjunto. O mecanismo de sincronização da síntese mental está provavelmente na origem de muitas características imaginativas e criativas que os cientistas consideram específicas do ser humano, mesmo que não tenham uma compreensão neurológica exacta deste processo.[201]

---

[200] Andrey Vyshedskiy, Rita Dunn *A síntese mental envolve a sincronização de conjuntos neurais independentes,* https://riojournal.com/article/7642/. Para mais explicações, ver Waydo S, Kraskov A, Quiroga RQ, Fried I, Koch C (2006) Sparse Representation in the Human Medial Temporal *Lobe Journal of Neuroscience* 26 (40) : 10232-10234

[201] Andrey Vyshedskiy, *On The Origin Of The Human Mind* Second Edition em http: //mobilereference .com/mind/

Numa situação experimental comum, pede-se ao sujeito que junte mentalmente formas descritas verbalmente de diferentes maneiras. Por exemplo, as formas podem ser as letras maiúsculas "J" e "D", e pede-se ao sujeito que as combine no maior número possível de objectos, sendo o tamanho flexível. Uma resposta adequada neste exemplo seria: um guarda-chuva. O desempenho nesta tarefa é depois quantificado através da contagem do número de padrões legítimos que os participantes constroem com as formas apresentadas.[202] Como o estudo neurobiológico

No século XXI, os avanços no domínio da imaginação tornaram necessário distinguir os diferentes componentes neurológicos da imaginação, em primeiro lugar, em termos da sua dependência do CPF lateral e, em segundo lugar, em termos do número de conjuntos neuronais envolvidos. Assim, o termo "síntese mental" foi adaptado para descrever o processo dependente do CPF lateral de reunir dois ou mais conjuntos neurais independentes da memória para obter novas combinações.[203]

A eugenia é um conjunto de crenças e práticas destinadas a melhorar a qualidade genética de uma população humana. O conceito é anterior a este nome, tendo Platão sugerido a aplicação dos princípios da reprodução selectiva aos seres humanos. [204]O artigo "Development of a Eugenic Philosophy", de Frederick Osborn, publicado em 1937, definiu-a como uma filosofia social, ou seja, uma filosofia com implicações na ordem social. Esta definição não é universalmente aceite. Osborn defendia taxas mais elevadas de reprodução sexual entre pessoas com características desejáveis (eugenia positiva), ou taxas reduzidas de reprodução sexual e esterilização de pessoas com características menos desejáveis ou indesejáveis (eugenia negativa). [205]Além disso, a seleção de genes em vez da "seleção de pessoas" foi recentemente possibilitada pelos avanços na edição do genoma, o que por vezes levou ao que é conhecido como a nova eugenia, também conhecida como neo-eugenia, eugenia do consumidor ou eugenia liberal.[206] As drogas sintéticas são criadas a partir de produtos químicos fabricados pelo homem e não de ingredientes naturais. Uma droga sintética é uma droga cujas propriedades e efeitos são semelhantes aos de um alucinogénio ou estupefaciente conhecido, mas cuja estrutura química é ligeiramente alterada, em particular uma droga criada para contornar as restrições impostas às substâncias

---

Synthesis", *European Journal of Cognitive Psychology.* **11** (3): 295-314, Kokotovich, Vasilije; Purcell, Terry "Mental synthesis and creativity in design: an experimental examination". *Estudos de Design.* (setembro de 2000) **21** (5) : 437-449. Barquero, B.; Logie, R.H. (setembro de 1999). "Imagery Constraints on Quantitative and Qualitative Aspects of Mental Synthesis", *European Journal of Cognitive Psychology* **11** (3) : 315-333.

203 Vyshedskiy, Andrey *Sobre a origem da mente humana* (2014) Createspace Indep Pub, Vyshedskiy, Andrey; Dunn, Rita. "A síntese mental envolve a sincronização de conjuntos neurais independentes" *Research Ideas and Outcomes* (29 de dezembro de 2015) **1**: e7642. Vyshedskiy, Andrey "Evolution of language": actas da 10.ª conferência internacional. *World Scientific* Singapore (2014) pp. 344352

204 Osborn, Frederick *"Development of a Eugenic Philosophy" American Sociological Review. (junho de 1937). **2** (3) : 389397*

205 Reis, Alex et al "CRISPR/Cas9 and Targeted Genome Editing: A New Era in Molecular Biology". *NEB Expressions.* New England Biolabs (I) Acedido em 8 de julho de 2015

206 Galton, Francis "Eugenics: Its Definition, Scope, and Aims". *The American Journal of Sociology* (julho de 1904) **X** (1) : 82

ilegais.[207]

(d) Biogénese e simulação biogenética

A abiogénese é a ideia de que a vida nasce de material não vivo (não vida). Este conceito desenvolveu-se consideravelmente à medida que o conhecimento científico da humanidade evoluiu, mas todas as formas de abiogénese têm uma coisa em comum: são todas cientificamente insustentáveis. Nenhuma experiência demonstrou a abiogénese em ação. Nunca foi observada num ambiente natural ou artificial. As condições que se supõe terem existido na Terra ou são incapazes de produzir os blocos de construção necessários, ou são contraditórias. Não foi encontrada nenhuma evidência que sugira onde ou quando essa vida poderia ter surgido. Na verdade, tudo o que sabemos sobre a ciência hoje sugere que a abiogénese não poderia ter ocorrido sob quaisquer condições naturais possíveis.[208] O termo *biogénese* refere-se à produção de vida a partir de matéria ou organismos que já estão vivos. É oposto à abiogénese, que se refere à produção de vida a partir de matéria não viva. A abiogénese natural nunca foi observada, nem existe um modelo geralmente aceite para explicar como pode ocorrer. A biogénese, por outro lado, é regularmente observada em todos os níveis da vida. Quando uma bactéria se divide, uma planta produz sementes ou um mamífero dá à luz, está a ocorrer biogénese. A biogénese também é diferente da criação *ex nihilo,* que se refere à criação sobrenatural de Deus de algo a partir do nada (Génesis 1:1). Na biogénese, os seres vivos multiplicam-se, possivelmente com ligeiras variações, através de um processo natural. Na criação ex nihilo, Deus produz algo que nunca existiu em qualquer forma ou componente. A biogénese é também um conceito distinto da criação *ex materia,* em que Deus transforma materiais existentes em algo completamente diferente. Quando Deus criou Adão do pó (Génesis 2:7), este foi um exemplo de vida que surgiu através de um processo *ex materia.*[209]

Categorias de nutrientes

Nutrientes não absorvíveis: Nutrientes que as plantas não conseguem extrair do solo
Nutrientes de vitalidade botânica:. Nutrientes que as plantas extraem do solo e que são totalmente consumidos pelas plantas e nunca são encontrados nos aspectos das plantas consumidas pelos seres humanos.
Nutrientes não recuperáveis: Nutrientes que são inicialmente aspirados pelas plantas, mas que são depois devolvidos ao solo pelas plantas através da regurgitação pela flora.

---

207 Perguntas mais frequentes sobre drogas sintéticas - Estado de Nova Iorque, no seguinte endereço https://www.health.ny.gov/professionals/narcotic/docs/synthetic_drugs_faq.pdf

208 O que é a teoria da abiogénese? No sítio Web https://www.gotquestions.org/abiogenesis-definition-theory.html

209 "O que é a biogénese?" em https://www.gotquestions.org/what-is-biogenesis.html

Nutrientes para a sobrevivência humana
Nutrientes extraídos pelas plantas e conservados sob a forma de alimentos para consumo humano através de tubérculos, cereais, frutos e legumes:

— Os nutrientes de categoria 1 são mais pesados do que podem ser utilizados pelas plantas, pelo que são retidos no solo.
— Os nutrientes de categoria 2 são extremamente leves e não suficientemente pesados para serem retidos pelas plantas e pelos seres humanos.
— Os nutrientes de categoria 3 são demasiado pesados para permanecerem nas plantas, pelo que regressam ao solo.
— Os nutrientes da categoria 4 não podem regressar ao solo e não podem ser consumidos pelas plantas; por conseguinte, estão disponíveis para colheita e consumo humano.

Elementos potencialmente perigosos

As plantas medicinais são amplamente utilizadas em todo o mundo e, de acordo com a Organização Mundial de Saúde (OMS), para milhões de pessoas, os medicamentos tradicionais, incluindo as plantas medicinais, são a principal fonte de cuidados de saúde e, por vezes, a única fonte.[210] A procura está a aumentar em todo o mundo, tanto nos países em desenvolvimento como nos países industrializados, como meio complementar de tratamento e prevenção de doenças.[211] O interesse crescente por este tipo de cuidados de saúde foi também acompanhado de preocupações em matéria de eficácia, disponibilidade, conservação, qualidade, segurança e regulamentação.[212] Por esta razão, a Organização Mundial de Saúde estabeleceu também a necessidade de normas de controlo de qualidade para as plantas medicinais, incluindo a classificação, a identificação botânica, a determinação dos compostos activos e a identificação dos contaminantes, em conformidade com a recomendação da Assembleia Mundial de Saúde.[213] Como parte de uma estratégia global para a medicina tradicional e complementar, a OMS encorajou os Estados-Membros a desenvolverem políticas públicas para incluir as plantas medicinais e os produtos fitoterapêuticos nos seus sistemas de saúde pública.[214] Para além do tratamento de doenças, as plantas

---

[210] Organização Mundial de Saúde (OMS); *Estratégia para a medicina tradicional:* 2014
2023. http://apps.who.int/iris/bitstream/10665/92455/1/9789241506090_eng.pdf, consultado em abril de 2016

[211] Thomson, G. E. ; *J. Med. Plants Res.* **2010**, *4,* 125, Maslennikov, P. V.; Chupakhina, G. N.; Skrypnik, L. N.; *Biol. Bull.* **2014**, *41,* 133

[212] Kalaivanan, C.; Chandrasekaran, M.; Venkatesalu, V.; *J. Mycol. Med.* **2013**, *23,* 247

[213] Organização Mundial de Saúde (OMS); WHA62.13, *Sexagésima segunda Assembleia Mundial de Saúde, Genebra, 18-22 maio de 2009, Resoluções e Decisões, Anexos;* Publicações da OMS: Genebra, 2009. WHA62/2009/REC/1; http://apps.who.int/gb/ebwha/pdf_files/WHA62-REC1/WHA62_REC1-en.pdf, consultado em abril de 2016

[214] Organização Mundial de Saúde (OMS); *Estratégia para a medicina tradicional:* 2014

medicinais são também utilizadas como complementos alimentares quando são ricas em um ou mais elementos.[215] O teor em elementos das plantas medicinais pode variar consideravelmente, dependendo de factores como as características geoquímicas do solo, a deposição atmosférica e a capacidade de cada espécie de planta para acumular seletivamente determinados elementos.[216] No entanto, as plantas medicinais podem ser facilmente contaminadas durante o seu crescimento, desenvolvimento e transformação.[217] A determinação dos elementos maiores, menores e vestigiais nas plantas medicinais e o seu impacto na saúde humana é também de grande importância devido à crescente poluição ambiental que afecta diretamente as plantas e, consequentemente, os seus produtos fitoterapêuticos.[218] Para além de serem essenciais para o sistema vivo, estes elementos podem também ser tóxicos quando presentes em concentrações superiores às necessárias para as funções metabólicas.[219]

O dispositivo artificial permite extrair nutrientes medicinais mais ricos e mais potentes. No entanto, quanto mais ricos forem os nutrientes medicinais extraídos, maior será o nível de toxicidade. As amostras de solo contêm arsénio. Casos documentados de envenenamento por produtos à base de plantas revelaram toxicidade crónica para os seres humanos.[220]

2023. http://apps.who.int/iris/bitstream/10665/92455/1/9789241506090_eng.pdf, consultado em abril de 2016

[215] Paulo S. C. Silva, Lucilaine S. Francisconi, Rodolfo D. M. R. Goncalves Avaliação de Elementos Maiores e Traços em Plantas Medicinais in Revista da Sociedade Brasileira de Química vol.27 no.12 São Paulo Dez. 2016

[216] Lozak, A.; Sottyk, K.; Ostapczuk, P.; Fijatek, Z.; *Sci. Total Environ.* **2002**, *289,* 33, Sattar, S. A. ; Reddy, B. S. ; Rao, V. K. ; Pradeep, A. S. ; Raju, G. J. N. ; Ramanarayana, K. ; Rao, P. V. M. ; Reddy, S. B.; *J. Radioanal. Nucl. Chem.* **2012**, *294,* 337

[217] Paulo S. C. Silva, etal "Avaliação de Elementos Maiores e Traços em Plantas Medicinais", in *Revista da Sociedade Brasileira de Química* vol.27 no.12 São Paulo Dez. 2016

[218] Paulo S. C. Silva, etal "Avaliação de Elementos Maiores e Traços em Plantas Medicinais", in *Revista da Sociedade Brasileira de Química* vol.27 no.12 São Paulo Dez. 2016

[219] Fei, T. ; et al *Nucl. Chem.* **2010**, *284*, 507, Ebrahim, A. M.et al *J. Nat. Med.* **2012**, *66,* 671, Randelovic, S. S. et al ; *Hem. Ind.* **2013**, *67*, 585

[220] Arpadjan, S. et al *Food Chem. Toxicol.* **2008**, *46*, 2871, Bedoui, K. ; Abbes-Bekri, I. ; Srasra, E. ; *Desalination* **2008**, *223,* 269, Meena, A. K. et al *Environ. Monit. Assess.* **2010**, *170,* 657, Gjorgieva, D. et al *Arch. Environ. Contam. Toxicol.* **2011**, *60*, 233

8. CONCLUSÃO

O dispositivo eletromecânico é uma máquina multifuncional através da qual os nutrientes que são normalmente extraídos do solo pelas plantas através do processo de fotossíntese são realizados por máquinas concebidas para o efeito. Esta é a principal função do dispositivo eletromecânico. De facto, o aparelho eletromecânico não foi concebido para produzir culturas normais, mas para produzir nutrientes vitais como suplementos alimentares e estimulantes medicinais. No curso normal da natureza, embora a vegetação produza os nutrientes necessários para a sobrevivência humana, alguns dos nutrientes acumulados pelas plantas são consumidos internamente por elas e outros nutrientes também se evaporam das plantas. Como resultado, nem todos os nutrientes absorvidos pelas plantas a partir do solo são retidos por elas. Não é este o caso das máquinas de extração de nutrientes, uma vez que estas máquinas extraem e retêm os nutrientes na sua forma original, com exceção dos nutrientes que são depois submetidos a uma técnica de sanitização solar para posterior purificação, de modo a torná-los adequados para consumo humano. Estas máquinas são capazes de absorver e conservar os nutrientes necessários ao fabrico de alimentos de qualidade e de suplementos medicinais para tratar as doenças e os vírus mais mortais. De um modo geral, estas máquinas e estes nutrientes levantam questões éticas e de segurança alimentar. No entanto, o processo de separação e as técnicas de destilação fraccionada garantem a segurança. A medicina está envolvida no diagnóstico, tratamento e prevenção de doenças. A medicina abrange uma série de práticas e procedimentos de cuidados de saúde destinados a manter, preservar e restaurar a saúde através da prevenção e do tratamento de doenças. A prática médica moderna utiliza as ciências biomédicas, a investigação biomédica e a genética para diagnosticar, tratar e prevenir lesões e doenças. Os componentes medicinais podem ser enriquecidos pela extração mecânica de nutrientes. Esta investigação demonstrou que a posição central da teoria agrícola é estratégica para aumentar a segurança alimentar e a potência medicinal. Por conseguinte, em termos de desenvolvimento curricular, a extração mecânica de nutrientes precisa de ser mais investigada. É a garantia de uma melhor saúde no futuro. Na medida em que o dispositivo não foi fabricado e implantado para utilização operacional, as pessoas pensam que se trata de uma ficção. Será uma realidade quando for produzido e posto em prática para benefício da humanidade.

A partir da explicação anterior sobre a ligação e a relação entre a agricultura e as outras disciplinas, não há dúvida de que a disciplina da agricultura é essencial para a sobrevivência da humanidade e para a vitalidade das outras disciplinas, tal como as outras disciplinas contribuem para a vitalidade da agricultura. A posição da agricultura entre as disciplinas humanas, que é comparável à do sol no sistema solar, significa que a humanidade deve reavaliar as práticas agrícolas à luz da teoria agro-cêntrica. Esta teoria deve ser incluída no currículo das disciplinas agrícolas e afins. O pleno potencial desta teoria será realizado através da sua integração no currículo. Como observou Stone, considera-se que as ciências e tecnologias agrícolas englobam geralmente as ciências das plantas, dos animais e dos alimentos, as ciências do solo, a engenharia agrícola e a entomologia. Stone acrescenta que, em muitos institutos de investigação, estão também incluídos domínios afins, como a economia agrícola, a sociologia rural, a nutrição humana, a silvicultura, a pesca e a economia doméstica. As ciências agrícolas têm sido estudadas por historiadores, economistas, sociólogos e filósofos.[221] Em tempos, os estudos sobre as ciências agrárias tinham tendência a ser apologéticos e não críticos. Posteriormente, surgiram estudos históricos, económicos, sociológicos e filosóficos críticos das ciências agrícolas. Apesar das tentativas de integrar as perspectivas neste domínio, seria um exagero dizer que os estudos agrícolas formam um corpo integrado de conhecimentos. De facto, a fragmentação é a regra em termos de quadros teóricos, questões de investigação e métodos utilizados. A formulação de uma teoria agro-cêntrica apropriada pode tornar possível harmonizar e apropriar para a humanidade o potencial inexplorado da agricultura e da segurança alimentar.

---

221 G. D. Stone "Agricultural Sciences and Technology", https://pdfs.semanticscholar.org/, avaliado em 12/10.1017

Printed by Books on Demand GmbH, Norderstedt / Germany